CASSINI

ARAGO — LE VERRIER

PUISEUX

Gr. in-8°. 4e série.

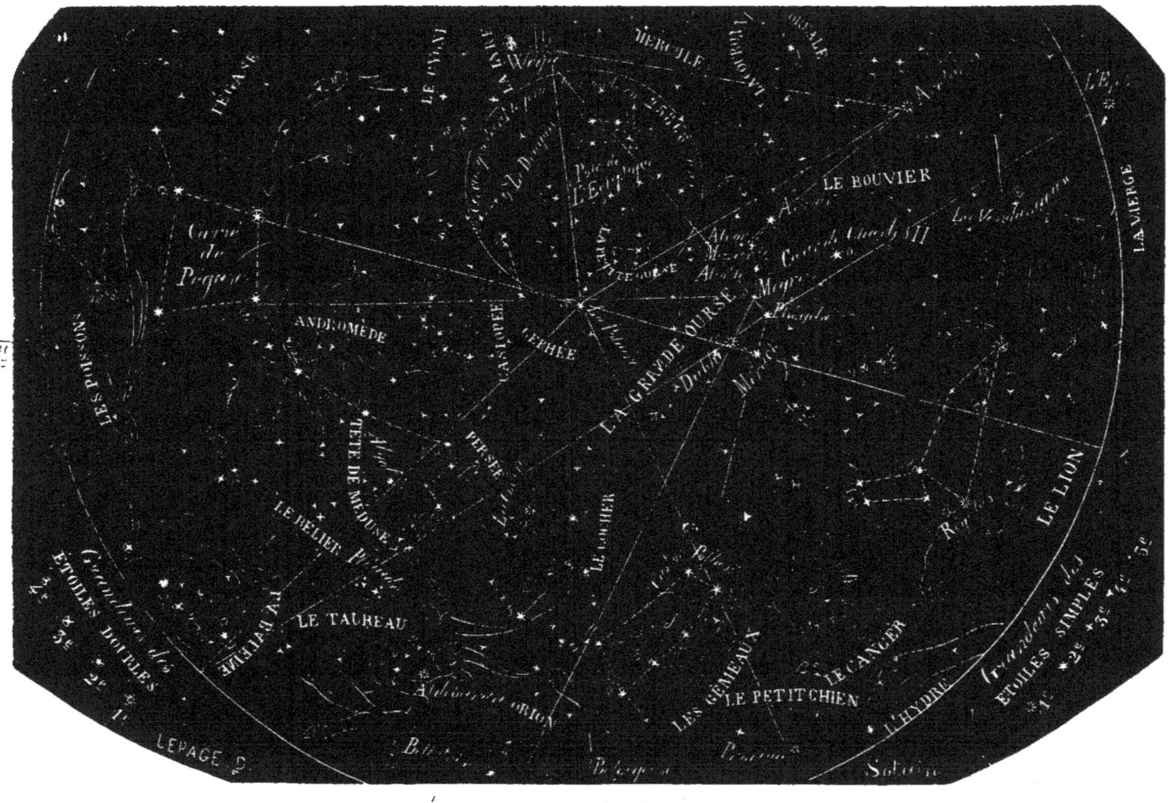

Constellations. — Étoile polaire.

MADAME LA COMTESSE DROHOJOWSKA
née Symon de Latreiche.

LES SAVANTS MODERNES ET LEURS ŒUVRES

CASSINI
ARAGO — LE VERRIER
PUISEUX

ASTRONOMIE

orné de 44 gravures.

LIBRAIRIE DE J. LEFORT

LILLE
rue Charles de Muyssart, 24

PARIS
rue des Saints-Pères, 30

INTRODUCTION

L'ASTRONOMIE

I

L'Astronomie est la science des mouvements célestes, des phénomènes qu'on observe dans le ciel, et de tout ce qui a rapport aux astres. C'est une partie des mathématiques mixtes, dans laquelle on apprend à connaître les grandeurs, les mouvements et les distances des étoiles, des planètes et des comètes, autant que l'industrie humaine, aidée de l'observation et du calcul, peut nous y faire pénétrer. Le mot astronomie vient du grec, il signifie *loi*.

Les Grecs appelaient cette science astrologie.

L'astronomie est de toutes les sciences celle qui nous présente le tableau le plus sublime, le plus digne d'occuper l'esprit humain par la noblesse et l'immensité de ses objets. Aussi les plus grands philosophes de l'antiquité parlèrent-ils de l'astronomie avec admiration.

Anaxagore prétendait qu'il était né pour contempler les astres.

Pythagore disait que les hommes ne devaient avoir en vue que deux études, celle de la nature pour éclairer l'esprit, celle de la vertu pour régler le cœur.

On regarde avec raison l'étude de la morale comme la plus nécessaire et la plus digne de l'homme.

Mais on se tromperait en croyant que l'on peut être philosophe sans l'étude des sciences naturelles.

Pour être sage, non par faiblesse, mais par principe, il faut savoir réfléchir et penser fortement; il faut, à force d'étude, s'être affranchi des préjugés qui trompent la raison.

C'est pourquoi Pythagore ne recevait point de disciple qui n'eût étudié les mathématiques.

Platon faisait, lui aussi, grand cas de l'astronomie.

On croyait autrefois que les éclipses étaient produites par des enchantements, dont le seul moyen de rompre le cours était de pousser de grands cris accompagnés de tout le bruit possible.

Indépendamment de ces préjugés populaires aussi regrettables qu'absurdes, l'ignorance des causes et des effets des phénomènes de la nature et en particulier de ceux qui se rapportent à l'astronomie, exerça plus d'une fois une influence fatale sur le sort des armées et, par suite, sur la destinée des nations.

C'est ainsi, par exemple, que Nicias, général athénien, sur le point de quitter la Sicile, y fut retenu par la crainte que lui inspira une éclipse de lune. Ce retard, en lui faisant manquer le moment favorable, amena sa mort et la ruine de son armée. Cette perte fut si funeste pour les Athéniens qu'elle marqua l'époque de la décadence de leur patrie.

Avant la bataille d'Arbelles, Alexandre fut obligé de rassurer son armée, effrayée par une éclipse de lune. Il fit venir, à cet effet, des astronomes égyptiens et ordonna des sacrifices.

Paul-Émile, la veille de la bataille contre Persée, fit aussi des sacrifices à la lune et à la terre, comme étant les divinités qui causaient les éclipses.

On remarque que les connaissances en astronomie ne furent pas inutiles à d'autres généraux.

Périclès conduisait la flotte des Athéniens lorsqu'arriva une éclipse de soleil qui causa une épouvante générale; le pilote même tremblait.

Alors Périclès, lui couvrant les yeux de son manteau, lui dit :

PLATON

— Crois-tu que ce que je fais-là soit un signe de malheur?

— Non, sans doute, dit le pilote.

— Cependant, c'est aussi une éclipse pour toi, et elle ne diffère de celle qui t'épouvante qu'en ce que, la lune étant plus grande que mon manteau, elle cache le soleil à un plus grand nombre de personnes.

Agatoclès, roi de Syracuse, dans une guerre d'Afrique, vit aussi la terreur se répandre parmi ses troupes à la vue d'une éclipse; mais il expliqua à ses soldats les causes de leurs craintes et les dissipa.

Drufus se servit d'une éclipse pour apaiser une sédition.

On raconte des faits analogues du lieutenant de Paul-Émile dans la guerre contre Persée.

Dans l'épître que Roias adresse à Charles-Quint en lui dédiant ses commentaires sur le planisphère, on remarque un fait qui honore l'astronomie.

Christophe Colomb commandant l'armée que Ferdinand, roi d'Espagne, avait envoyée à la Jamaïque au commencement de la découverte de cette île, il y eut une disette de vivres si générale, qu'il n'avait plus aucun espoir de sauver son armée.

Il se voyait bientôt à la discrétion des sauvages, lorsque l'approche d'une éclipse de lune lui fournit un moyen de sortir d'embarras.

Il fit dire au chef des sauvages que si, dans quelques heures, on ne lui envoyait pas tout ce qu'il demandait, il le livrerait, lui et les siens, aux derniers malheurs, et qu'il commencerait par priver la lune de lumière.

Les sauvages ne s'inquiétèrent pas d'abord de ces menaces: mais, voyant la lune disparaître, ils furent frappés de terreur; ils apportèrent aux pieds du général tout ce qu'ils possédaient en lui demandant grâce.

Les hommes doivent donc s'applaudir du perfectionnement de l'astronomie qui les a affranchis de terreurs, dont si longtemps ils furent les dupes.

L'aventure de l'année 1186 dut couvrir de honte les astrologues du monde alors connu : chrétiens, juifs, arabes, s'étaient tous réunis pour annoncer sept ans auparavant, par des lettres publiées dans toute l'Europe, une conjonction de toutes les planètes, qui devait être accompagnée de si terribles ravages, que l'on craignait un bouleversement général de l'univers.

L'opinion générale était que la fin du monde était proche. L'année, toutefois, se passa absolument comme d'ordinaire, ce qui mit en grand discrédit l'infaillibilité de l'astrologie.

Mais ce qui a toujours été et ce qui est encore en certains pays pour beaucoup de gens l'annonce de grandes catastrophes, c'est l'apparition d'une comète : l'astronomie n'a pas eu de préjugés plus tenaces à combattre et à dissiper.

Quant à l'utilité des connaissances astronomiques au point de vue des progrès des sciences en général, on ne saurait la discuter; la cosmographie et la géographie ne sauraient se passer des lumières qu'elle leur apporte.

C'est ainsi, par exemple, que les observations de la hauteur du pôle apprirent aux hommes que la terre est ronde; les éclipses de lune leur servirent à connaître les longitudes des différents pays de la terre ou leurs distances mutuelles d'orient en occident.

La découverte des satellites de Jupiter vint donner à nos cartes géographiques, à notre marine, une plus grande perfection; ce que n'auraient pu faire mille ans de navigations et de voyages.

L'étendue de la Méditerranée était presque inconnue vers l'an 1600, et on connaît maintenant cette étendue aussi exactement que celle de la France.

C'est à l'astronomie que l'on fut redevable des premières navigations des Phéniciens, et c'est encore à elle que nous devons la découverte d'un nouveau monde.

Christophe Colomb avait la connaissance intime de la sphère plus que personne de son temps; c'est ce qui lui donna la certitude et la confiance avec lesquelles il dirigea sa route, certain de rejoindre le continent d'Asie ou d'en trouver un nouveau.

Si tous les navigateurs avaient étudié suffisamment l'astronomie, ils ne se tromperaient jamais de dix lieues, tandis que beaucoup se trompent de quantité de lieues dans des voyages ordinaires.

On fait aussi usage de l'astronomie pour le calendrier, la chronologie, la gnomonique.

M. Dupuis a fait voir que la mythologie de l'antiquité se réduit à des symboles, à des allégories astronomiques.

La météorologie, qui est la connaissance des changements de l'air, des vents, des pluies, des sécheresses, des mouvements du thermomètre et du baromètre, a un rapport essentiel, immédiat, avec la santé du corps humain; il est probable que l'astronomie serait d'une utilité sensible, si l'on parvenait, à force d'observations, à trouver les influences physiques du soleil et de la lune sur l'atmosphère et les révolutions qui en résultent.

Les nombreux avantages qui plaident en faveur de l'astronomie en ont de tout temps et en tous pays fait rechercher l'étude.

Josèphe, dans ses *Antiquités judaïques,* fait remonter jusqu'à Adam cette étude et les découvertes qu'elle amena.

Il nous dit que les descendants de Seth y firent des progrès considérables, et que, pour en conserver la mémoire, ils gravèrent sur des colonnes de pierres et de briques leurs observations astronomiques.

Le même auteur attribue à Abraham les premières connaissances des Égyptiens, connaissances qui les ont surtout rendus si célèbres.

C'est ce qui a fait dire par quelques savants que les patriarches avaient été les premiers inventeurs de l'astronomie.

En lisant les auteurs qui ont parlé de l'origine de la science qui nous occupe, on trouve une discordance, une obscurité, dont on ne pourrait se tirer si l'on ne précisait exactement les époques, ainsi que les différentes parties de l'astronomie, et les degrés de connaissances dont on prétend parler.

On distingue donc avec soin : la mythologie qui remonte à 2,400 ans avant l'ère chrétienne; les observations chaldéennes, qui ne vont guère qu' à 720 ans avant Jésus-Christ, et les recherches de détails, qui ne commencent que 400 ans avant l'ère chrétienne.

M. Bailly, dans son *Histoire de l'astronomie*, remonte encore plus haut, jusqu'à un peuple antédiluvien dont la mémoire s'est perdue.

M. Dupuis fait aussi remonter l'astronomie des Égyptiens à plusieurs milliers d'années avant l'époque du déluge.

On voit cependant que cette astronomie ancienne ne comprenait autre chose que la connaissance du mouvement diurne, celle des révolutions apparentes de la lune et du soleil, la situation et les noms des étoiles et des constellations les plus remarquables, et les temps de l'année où elles étaient cachées par le soleil.

Les Chaldéens y ajoutèrent des observations plus exactes sur les éclipses de lune avec une légère connaissance des planètes; mais ce ne fut que 400 ans avant Jésus-Christ, qu'on rechercha les inégalités de la lune et des autres planètes, la durée de leurs révolutions, la situation de leur système planétaire, et qu'on entreprit de prédire les éclipses.

Pline le Naturaliste se plaint de la négligence des anciens à écrire l'histoire de l'astronomie.

« C'est, dit-il, une ingratitude, une dépravation de l'esprit; on aime à remplir les annales de guerres et de carnages, tandis qu'on laisse ignorer la structure de l'univers, et les bienfaits de ceux qui ont à ce sujet éclairé les hommes. »

Uranus, roi des Atlantes, soigneux observateur des astres, détermina plusieurs circonstances de leurs révolutions, mesura l'année par le cours du soleil, et les mois par celui de la lune, et il désigna le commencement et la fin des saisons.

Ces peuples qui ne savaient rien du mouvement des astres, étonnés de la justesse des prédictions de leur souverain, crurent qu'il était d'une nature plus qu'humaine, et après sa mort, lui rendirent des honneurs divins.

Deux de ses fils, Atlas et Saturne, s'occupèrent aussi d'astro-

La terre vue de la lune.

nomie. L'invention de la sphère est attribuée à Atlas, ainsi que les premières connaissances du mouvement céleste.

Il fit part de ses lumières à Hercule qui les transmit aux Grecs, ce qui le fit passer dans la suite pour avoir été l'inventeur de l'astronomie.

Aux fables probables d'Uranus, on en doit ajouter beaucoup d'autres. Jusque-là ce n'est qu'une tradition obscure. Toutefois, vers le temps de l'expédition des Argonautes (1300 ou 1400 ans avant Jésus-Christ), l'astronomie fit quelques progrès.

Cette expédition, suivant Newton, paraît liée avec l'établissement des constellations dans la Grèce, et cela semble prouver que ces noms furent donnés par les Grecs à ces constellations peu après ce voyage

Enfin, les Chaldéens, les Babyloniens, les Arabes, les Chinois, s'occupèrent d'astronomie, science qui se répandit rapidement chez beaucoup d'autres peuples.

Depuis l'an 800 jusque vers le commencement du XIIIe siècle, l'Europe resta plongée sous ce rapport dans la plus profonde ignorance, et il n'y eut de bons ouvrages et de gens habiles que parmi les Arabes.

L'empereur Frédéric II, vers l'an 1230, prépara le renouvellement des sciences et se déclara le protecteur des savants.

La traduction ordonnée par lui de l'*Almageste* de Ptolémée, marque la première époque du renouvellement de l'astronomie en Europe.

Sacro-Bosco, mort en 1256, fut un des premiers qui acquirent de la réputation en astronomie.

Mais c'est à Regiomontanus que commence la liste des véritables observateurs et le renouvellement de l'astronomie.

Copernic, vers l'an 1507, applique son intelligence à l'étude des cieux; il fait de nouvelles recherches et dresse de nouvelles tables des mouvements célestes.

Enfin paraît Tycho-Brahé, le plus grand observateur qu'il y ait ou jusqu'alors; c'est à lui qu'on doit le perfectionnement de l'astronomie.

Képler, né en 1571, mort en 1631, découvre les véritables lois du mouvement planétaire.

Les astronomes du XVIIe siècle qui ont précédé l'établissement des académies sont :

Jean Bayer, qui publie, en 1603, les cartes célestes;

Le P. Clavius, jésuite, qui donne un vaste traité du calendrier;

Pitiscus, qui publie des tables de Sinus beaucoup plus étendues;

Enfin Galilée, né à Florence en 1564, mort en 1642, célèbre par la découverte des satellites de Jupiter, des lois d'accélération.

Le premier, il construit des lunettes d'approche, et, s'ouvrant par leur moyen un nouveau ciel, il est amené à mettre en doute le système de Copernic.

L'établissement, en 1666, de l'Académie des sciences de Paris, marque dans l'histoire de l'astronomie, comme d'ailleurs dans celle de toutes les sciences qu'elle embrasse, une époque des plus mémorables.

Toutes les parties de l'astronomie sont, en effet, tour à tour découvertes ou perfectionnées. De nouveaux moyens d'observation permettent d'étudier et de décrire les phénomènes accomplis successivement dans le monde planétaire, et de reconstituer en quelque sorte ainsi l'histoire physique de ces mondes, tels, par exemple, les restes de volcans constatés dans la lune.

Gassendi, Auzout, Roberval, auxquels viennent bientôt se joindre Picard, Cassini, Huyghens et plusieurs autres, sont les premiers astronomes, membres de ce corps illustre.

De même encore que pour les autres sciences, c'est dans les Annales de l'Académie qu'il faut chercher la nomenclature et l'historique de toutes les découvertes qui se sont succédé, de tous les progrès qui se sont accomplis depuis ce temps.

C'est dans son sein qu'il faut chercher les noms des grands astronomes à qui sont dus ces découvertes, ces progrès. Ces noms sont nombreux, et la plupart d'entre eux auraient eu droit à figurer dans ce volume.

COPERNIC

Nous n'en avons retenu que quatre ; nous les avons choisis parce qu'ils désignent des personnalités, dont l'une — Cassini — se rattache trop intimement à la création de l'Observatoire de Paris pour être négligé; les trois autres, Arago, Le Verrier, Puiseux, parce que, à titre d'illustrations contemporaines, ils nous amènent, par l'énumération et l'étude de leurs travaux, juste au point où doit se terminer cette étude : l'état actuel de la science astronomique en France.

Un autre motif nous a fait choisir ces savants parmi plusieurs autres : il importe que la jeunesse à qui ce livre est destiné, ne se borne pas à prendre pour maîtres et pour guides dans ses études, les hommes éminents qui ont « fait école. » Il faut encore et surtout qu'elle apprenne, par les luttes qu'ils ont eu à soutenir et l'énergie qu'ils ont eu à déployer, que l'intelligence, le génie même ne saurait, sans un travail assidu et persévérant, suffire à former des hommes vraiment savants, vraiment utiles.

Or, les portraits que nous allons esquisser, les vies que nous allons raconter montreront des travailleurs, des chercheurs, dont la juste célébrité a été le fruit et la récompense des fortes études commencées presque dès l'enfance et poursuivies jusqu'à la tombe.

Enfin, à des titres différents peut-être, mais aussi incontestables qu'incontestés, ils ont ajouté au prestige d'une haute intelligence et d'un grand savoir, celui plus puissant encore d'un grand caractère.

Ce sont là des souvenirs et des exemples dont un pays doit être fier et dont de jeunes générations ne sauraient trop se pénétrer.

II

Nous voudrions, avant d'aborder les notices particulières, qui constituent l'objet spécial de notre travail, pouvoir compléter cette introduction par un résumé des progrès de la science astronomique, depuis la fondation de l'Observatoire de Paris jusqu'à nos jours.

Volcans éteints de la lune.

Mais les événements se sont précipités avec une si grande rapidité dans cette branche si intéressante des connaissances humaines, qu'il faudrait écrire plusieurs volumes pour en marquer les principales phases.

« Jamais, en effet, la science des cieux n'a été plus féconde en merveilleuses découvertes.

» Que de choses dans cette sphère immense dont le centre est le soleil? Que de mouvements, de tourbillons? Cependant, l'œil ne sait explorer qu'une portion bien faible de cette immensité.

» Les télescopes les plus puissants ne parviennent qu'à faire l'anatomie d'un point perdu.

» La lune n'est pas seule à nous suivre.

» Si l'on jette les yeux sur le soleil, on ne tarde pas de s'apercevoir qu'il n'est qu'un astre accessoire.

» Quel est le mécanisme qui règle le mouvement du ciel?

» Comme Lalande l'a si admirablement compris, le mouvement de rotation du soleil, si facile à voir, indique une rotation non moins évidente, et montre qu'il n'a pas pris racine dans un coin de l'espace.

» Herschell a démêlé, dans la multitude des étoiles, celles qui répondent à la direction actuelle de ce mouvement merveilleux.

» Ce que nous savons du monde planétaire nous semble indiquer l'existence de mouvements réguliers et harmoniques.

» Bayle et les philosophes, qui ont poursuivi de leurs sarcasmes les marchands d'horoscope, ont bien mérité de l'humanité en tirant l'esprit humain des superstitions qui l'avilissaient; mais en même temps ils ont fait de l'astronomie une science aride, abstraite.

» A notre époque où un grand nombre d'inventions ont déjà produit une sorte de révolution morale, il ne faut pas se laisser décourager par d'inévitables incertitudes qui ne dureront pas (1). »

N'est-il pas permis, en effet, de se demander avec M. de Janssen,

(1) Fonvielle, *Astronomie moderne*.

dans la remarquable péroraison du discours prononcé par lui sur une tombe encore entr'ouverte (1) : « Est-ce que l'œuvre de Le Verrier, qui embrasse la révision complète du système du monde, ne semble pas marquer la fin d'une période scientifique? N'est-il pas remarquable que, au moment où l'infatigable savant mettait la dernière main à la doctrine de l'attraction et en tirait les conséquences les plus éloignées, une nouvelle méthode se levait à son tour?

» La lumière ne semble-t-elle pas succéder à la gravitation, et par l'éclat des découvertes qu'elle nous prodigue, ne nous invite-t-elle pas à lui demander désormais les grands progrès que nous voudrons faire sur la constitution de l'univers? »

III

Nous n'avons ici, ni à exposer, ni encore bien moins à discuter les méthodes et les systèmes auxquels fait allusion l'éminent astronome que nous venons de citer; mais ce que nous avons le devoir de faire ressortir, c'est le zèle, l'émulation avec lesquels, dans ces dernières années, l'État d'une part et d'autre part l'initiative privée, ont amélioré, multiplié, les moyens d'observation astronomique.

Le nombre des Observatoires nationaux a été augmenté; les instruments dont on les a dotés sont d'une puissance et d'une perfection qui semblerait ne pouvoir rien laisser à désirer, si le progrès à notre temps ne marchait avec une telle vitesse que ce qui semble aujourd'hui ne pouvoir être surpassé, risque de n'être plus considéré demain que comme un simple acheminement à la perfection.

Enfin des efforts considérables ont été faits, personnellement

(1) Funérailles de Le Verrier, 25 septembre 1877.

Observatoire de Meudon.

d'abord, par des savants tels qu'Arago, Bolivet, etc., depuis par l'organisation de cours, de conférences populaires, pour *vulgariser*, c'est-à-dire rendre accessible, dans une certaine mesure, à toutes les intelligences, la connaissance de l'astronomie.

Les Observatoires de l'État sont aujourd'hui, en France et en Algérie, au nombre de quatorze.

Le personnel de celui de Paris, auquel nous consacrons un paragraphe spécial dans la notice sur Cassini, comprend :

1° Un directeur, lequel, depuis la mort de Le Verrier, est M. Faye ;

2° Des astronomes titulaires ;

3° Des astronomes adjoints ;

4° Des aides astronomes ;

5° Des calculateurs ;

6° Un secrétaire agent-comptable.

Le directeur, assisté d'un conseil, administre l'Observatoire, dirige le service scientifique, pourvoit au service intérieur et est exclusivement chargé de la correspondance et de la publication des résultats des travaux (décret du 21 février 1878).

Viennent ensuite :

L'Observatoire d'astronomie physique, à Meudon ;

L'Observatoire astronomique et météorologique de Bordeaux ;

L'Observatoire astronomique et météorologique de Lyon ;

L'Observatoire météorologique du Puy-de-Dôme ;

L'Observatoire de Marseille ;

L'Observatoire de Toulouse ;

L'Observatoire du Pic-du-Midi ;

L'Observatoire météorologique du Petit-Port, à Nantes ;

L'Observatoire météorologique de Perpignan ;

L'Observatoire d'Alger ;

L'Observatoire météorologique de Montsouris ;

L'Observatoire populaire d'astronomie au Trocadéro, à Paris ;

Enfin, un bureau central météorologique, situé au n° 60 de la rue de Grenelle-Saint-Germain, complète cet immense réseau d'Observatoires.

Nous ne retiendrons, pour entrer dans quelques détails sur son organisation et les services qu'il rend au public, au point de vue de la vulgarisation des connaissances astronomiques, que celui du Trocadéro.

L'Observatoire populaire.

Nous avons à Paris plusieurs cours théoriques d'astronomie, et des cours de cosmographie sont faits dans presque toutes nos écoles.

Nous avons des cours scientifiques les plus variés.

Mais Paris ne possédait encore aucun établissement populaire d'astronomie et de physique terrestre.

Cette institution scientifique populaire a été créée, au Trocadéro, par M. Léon Jaubert.

L'établissement du Trocadéro comprend : un observatoire populaire, qui sera muni de nombreux instruments; une école pratique d'astronomie; un laboratoire populaire d'études et de recherches micrographiques; une école pratique de micrographie; un laboratoire populaire pour tout ce qui a trait à la physique générale de l'univers; enfin un laboratoire de photographie astronomique et micrographique.

Cet établissement sera dirigé par un corps savant que M. Léon Jaubert appelle l'*Institut du progrès* et de la *vulgarisation scientifique*.

L'Observatoire populaire et l'école pratique d'astronomie sont ouverts tous les jours de beau temps, depuis le 10 octobre 1880, de une heure à quatre heures, et de huit heures et demie à onze heures du soir.

Pour être admis à l'Observatoire, à l'école pratique d'astronomie, au laboratoire de micrographie, etc., il suffit de se faire inscrire au secrétariat qui se trouve dans le pavillon Est, hors du Trocadéro, et l'on reçoit immédiatement une carte permanente.

M. Léon Jaubert a passé quinze ans à préparer les divers éléments de cet établissement scientifique.

L'œuvre de M. Léon Jaubert, entreprise avec un courage, un désintéressement qui est au-dessus de tout éloge, est éminemment digne, par son utilité et son originalité, des encouragements du public et de la sympathie des savants (1).

(1) Figuier, *Année scientifique*, 1880.

Observatoire du Puy-de-Dôme.

CASSINI

CASSINI

JEAN-DOMINIQUE CASSINI

1625 — 1712.

I

CASSINI, né à Périnaldo, dans le comté de Nice, qui alors appartenait à l'Italie, ayant été appelé en France à titre de premier directeur de l'Observatoire de Paris, il nous paraît rationnel, avant d'aborder le récit de sa vie, de raconter l'histoire de l'institution et la description des bâtiments où elle fut installée.

C'est à la *Revue des Deux-Mondes* (1) que nous allons demander non seulement cette histoire et cette description, mais, avouons-le avec regret, une critique justifiée d'un monument qui, érigé sur les plans du célèbre architecte Perrault et sous sa surveillance, n'aurait dû, ce semble, ne mériter que des éloges.

Ce fut, ainsi que nous l'avons dit, vers le milieu du XVIIe siècle que l'art d'observer les cieux devint décisif. Huyghens, par le pendule appliqué aux horloges, fournit aux astronomes un moyen de mesurer le temps avec une précision inconnue jusqu'alors. Les lunettes d'invention récente n'avaient encore servi qu'à rapprocher de l'observateur les corps

(1) Numéro du 4 février 1868. — *Signé* R. Radau.

célestes, ou à lui révéler des astres noyés dans la lumière du firmament. Pour la mesure des angles, on commençait à en soupçonner l'importance, parce que c'est par eux que l'on détermine les positions des étoiles dans le ciel. Par ces moyens perfectionnés, de nouvelles méthodes se substituèrent aux procédés inexacts et incommodes des anciens observateurs, et aujourd'hui elles constituent l'astronomie de précision.

Quoique développés et modifiés dans les détails, les principes n'ont guère varié depuis deux siècles.

La création de l'Observatoire de Paris eut lieu malheureusement pendant cette crise dans laquelle les idées nouvelles remplaçaient peu à peu les antiques préjugés. Les méthodes nouvelles n'existant pas encore, les hommes d'État et les architectes d'alors sont bien excusables de n'avoir pas eu à ce sujet des vues plus larges.

L'Observatoire de Paris, que Louis XIV fit ériger d'après les plans de Claude Perrault, de 1668 à 1671, coûta plus de deux millions de livres, et fut pour la science un malheur des plus regrettables. La France perdit, à cette occasion, l'honneur d'inaugurer une nouvelle ère en astronomie, car le donjon conçu par Perrault et exécuté malgré les réclamations énergiques des hommes du métier, était tout à fait impropre aux observations du ciel.

Pendant cent soixante ans, en effet, cet Observatoire arrête les progrès de la science, et les tentatives timides, faites de loin en loin pour y acclimater l'observation, ne servent qu'à faire ressortir plus clairement les défauts de cet édifice.

Des constructions, faites à des époques récentes, ont enfin mis l'Observatoire de Paris en état d'exécuter la plupart des travaux qui se font ailleurs, de sorte qu'il a pris aujourd'hui rang parmi les plus renommés.

La fondation de l'Observatoire de Paris est intimement lié à celle de l'Académie des sciences, qui tint sa première séance le 22 décembre 1666. C'est un de ses membres, nommé Auzout, qui semble avoir suggéré au roi l'idée de fonder à

Paris un observatoire national. Quoi qu'il en soit, cette idée fut accueillie avec empressement et exécutée avec une magnificence qui, mieux dirigée, eût porté des fruits inappréciables.

A cette époque, n'existait en Europe aucun établissement de ce genre qui eut quelque importance, et les astronomes exécutaient leurs observations dans des circonstances les plus précaires.

Toutes les meilleures sources d'observation qui existaient en 1667 furent mises à la disposition des architectes et des mathématiciens, auxquels Colbert confia le soin de dresser les plans du nouvel édifice.

Tout eût tourné au profit de la science si on avait écouté les hommes du métier. Par malheur, la réputation naissante de Claude Perrault, le célèbre auteur de la colonnade du Louvre, avait déjà assez de poids pour qu'il pût faire accepter un édifice de parade à la place d'un établissement utile.

La fantaisie monumentale de l'architecte de Louis XIV l'emporta sur les représentations des astronomes qui voyaient s'élever une espèce de forteresse dont les murs épais devaient leur cacher le ciel.

Perrault tint bon, même contre Colbert, qui reconnaissait la justesse des objections présentées. Il ne voulait pas, disait-il, rompre les lignes architectoniques; il ne pouvait se résoudre à porter atteinte à l'harmonie, à la régularité des masses.

L'astronomie française se ressent encore, après deux siècles, de cet entêtement.

L'emplacement de l'Observatoire n'a pas été mal choisi; il ne se trouvait pas comme aujourd'hui au milieu d'un quartier populeux, il était en pleine campagne en dehors de l'enceinte de Paris. La colline Saint-Jacques offrait encore l'avantage d'être assez élevée. Comme les observations se font principalement dans la partie sud du ciel, on tournait le dos à la ville, dont on n'avait pas à craindre les fumées des habitations. Au-devant de l'Observatoire s'étendait un plateau solitaire que bornaient à l'occident les bois de Sceaux.

Lorsque le décret de fondation fut signé et l'emplacement de l'édifice arrêté, on le consacra par des observations qui se firent le 21 juin 1667, jour du solstice, avec pompe et cérémonie.

Les mathématiciens de l'Académie, Picard, Auzout, Huyghens, Roberval, Buot, se transportèrent sur les lieux et tracèrent une méridienne « avec tout le soin que leur pouvaient inspirer des conjonctures si particulières. »

Les constructions ne devaient être commencées qu'en 1668 ; en 1671, la masse du bâtiment était achevée.

Tel qu'il avait été conçu, il devait résister aux siècles. Les fondations, toutes en pierres, ont vingt-sept mètres de profondeur pour les murs principaux, et plus de deux mètres d'épaisseur. La profondeur est égale à la hauteur du bâtiment.

Tout autour de l'Observatoire, on voulait bâtir des logements pour les astronomes de l'Académie ; au-dessous de la terrasse du sud devaient se trouver des laboratoires de chimie, et l'on commença même d'y construire des fourneaux. En outre, plusieurs salles étaient destinées à servir de dépôt aux machines et modèles de mécanique, qui seraient présentés à l'Académie.

On voulait y former un arsenal scientifique. L'Académie devait y tenir ses séances ; ce plan fut abandonné. On se contenta de faire un Observatoire ; mais, les murs cachant la plus grande partie du ciel en quelque point que l'on se plaçât, on y cherchait en vain un endroit favorable à l'installation d'un instrument de mesure. On ne pouvait observer que par les fenêtres, et pour voir le même astre au *levant* et au *couchant*, on était obligé de transporter la lunette d'un bout à l'autre de l'édifice. Les voûtes massives ne permettaient pas de découvrir le méridien, depuis l'horizon jusqu'au zénith. Pour voir le ciel de tous les côtés, il fallait monter sur la plate-forme du toit, mais on ne pouvait y installer que de petits instruments portatifs.

L'édifice de Perrault forme un grand massif carré à deux

étages, dont le rez-de-chaussée n'a jour que du côté du nord. Il est flanqué de deux grosses tours octogonales, un avant-corps fait saillie au milieu de la façade du nord qui regarde la ville. Les deux tours octogonales qui décorent les angles de la façade méridionale, ont de petits flancs coupés

COLBERT

de portes et de fenêtres, où l'on n'aurait jamais pu fixer un cercle mural d'une certaine dimension. Celle de l'est, qui fut laissée sans couverture, et la vaste salle du second étage, qui n'a été pavée qu'en 1730, et qui renferme une méridienne de cuivre enclavée dans les dalles, servirent à installer et à remiser des lunettes de seize à vingt mètres de long, avec lesquelles on étudiait la constitution physique du soleil et des planètes. Les deux autres tours ont abrité, paraît-il, des instruments de mesure.

Cassini n'était pas plus satisfait des dispositions de l'édifice que ne l'étaient les astronomes. Il aurait voulu, lui, que cet édifice fût un colossal instrument; son rêve était d'appliquer sur les murailles quatre grands quarts de cercle dont les divisions eussent pu faire reconnaître les minutes et même les secondes des angles. De plus, il croyait utile de disposer une vaste salle pour un cadran solaire intérieur; le soleil, pénétrant par une petite ouverture au sommet du mur, devait dessiner son chemin dans le mouvement annuel de l'astre.

C'est à cet usage que la salle de la méridienne paraît avoir été primitivement destinée, mais l'on différa pendant soixante ans d'y poser les dalles, parce que l'édifice tassait d'une manière sensible, et que les changements de niveau qui en résultaient devaient rendre le cadran projeté inexact. On chercha tant bien que mal à tirer parti du monument. Le plus souvent, les grandes lunettes étaient placées sur la terrasse qui masquait le rez-de-chaussée de l'Observatoire, du côté du midi. D'autres instruments étaient installés devant les fenêtres des salles.

Pour observer le zénith, Cassini fit percer toutes les voûtes vers le centre de l'édifice par un trou circulaire, correspondant au puits à escalier tournant, par lequel on descend dans les caves.

On sait que les souterrains de l'Observatoire, dont la profondeur est de vingt-huit mètres, ont été construits dans les anciennes carrières des catacombes. Ils ont servi à constater qu'à une pareille profondeur, la température ne subit que de très faibles variations. Le puits de Cassini existe toujours, mais il est fermé au rez-de-chaussée, et les ouvertures des voûtes sont bouchées.

Observatoire de Paris.

II

On voit que Cassini n'eut pas lieu d'être satisfait de l'édifice mis à sa disposition, et qu'il fit tous ses efforts pour en atténuer les défauts.

Mais avant d'aller le rejoindre dans cet Observatoire, où la faveur du roi et les éloges, l'admiration de « la cour et de la ville, » comme on disait alors, l'avaient suivi, nous devons revenir dans le comté de Nice pour y assister à sa naissance, environ un demi-siècle auparavant.

Presque encore au berceau, Cassini montra, non comme on pourrait le croire, un goût prononcé pour l'étude et l'observation, mais, tout au contraire, une vivacité d'imagination et une mobilité d'impressions, qui semblaient devoir le diriger bien plus vers l'étude des lettres que vers celle des sciences.

Dès le principe, en effet, il s'adonna avec un talent remarquable, eu égard à son âge, au culte de la poésie latine.

Bientôt même, ne se bornant plus à admirer les anciens, à répéter et à traduire leurs chefs-d'œuvre, il composa de toutes pièces une tragédie de *Saint-Alexis*, que les religieuses du couvent des cordelières de Gênes représentèrent avec succès.

Ensuite et toujours entraîné par son imagination, il s'occupa d'astrologie judiciaire ; mais il ne tarda pas à se convaincre de la vanité de cette prétendue science, dont il renonça à pénétrer plus avant les insondables mystères.

Toutefois, ce goût passager, en le portant d'une part à observer les astres et d'autre part à se familiariser avec de longs et difficiles calculs, le conduisit à la découverte de sa véritable vocation : l'étude de l'astronomie.

Il fit dans cette étude de si rapides progrès, il y obtint des succès si éclatants que nous le voyons appelé, dès l'âge de vingt-cinq ans, à occuper la chaire d'astronomie à l'université, alors célèbre, de Bologne.

Une comète, qu'il observa avec le marquis de Malvasia, lui fournit l'occasion heureuse de publier un ouvrage dans lequel, après avoir développé une théorie nouvelle et fort ingénieuse sur la formation et la nature de ces astres, il examinait et détruisait sans peine l'opinion populaire du temps qui les attribuait aux exhalaisons de la terre.

Lui-même toutefois n'échappait pas aux préjugés et à la routine, qui pendant si longtemps avaient entravé le progrès de la science; malgré la publication des immortelles découvertes de Copernic et de Képler, il plaçait encore la terre au centre de l'univers.

Cet ouvrage n'en commença pas moins la réputation de Cassini, et la découverte de la rotation de Jupiter, de Vénus et de Mars, qu'il fit, en 1665, à l'aide de lunettes de Campani, lui acquit une très grande célébrité.

Le pape Alexandre VII le chargea d'étudier la cause des inondations du Pô, et plus tard lui confia la surintendance des fortifications du fort Urbain. Ces travaux l'avaient constamment approché de personnages importants et l'avaient habitué au commerce des puissants de la terre; il ne manquait aucune occasion pour se parer à leurs yeux de ses découvertes et aussi plus d'une fois de celles des autres. Ces découvertes tenaient cependant principalement à de bonnes lunettes, à de bons yeux, à beaucoup de zèle, de patience et à un grand désir de renommée.

Il y avait alors à Paris un homme d'un mérite autrement sérieux, si son crédit eût égalé celui de Cassini, qu'il avait eu le malheur de recommander lui-même à Colbert pour la place de directeur de l'Observatoire. C'était l'abbé Picard, prieur de Rillé en Anjou, et successeur de Gassendi dans la chaire d'astronomie au collège de France. Il passe pour avoir été le premier qui ait observé les étoiles en plein jour à l'aide des lunettes.

L'astronome italien avait mérité le suffrage de Picard par les recherches qu'il venait de publier sur les satellites de Jupiter; il le recommanda chaleureusement à Colbert comme un homme dont il était difficile de se passer. Il ne lui vint pas un instant

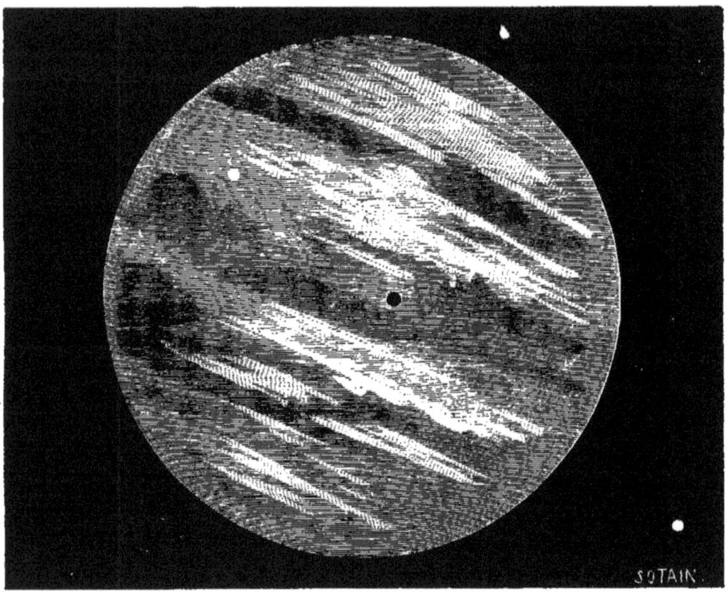

Planète Jupiter.

à l'idée qu'il se créait un rival capable et l'éclipser et de nuire à sa gloire. On peut regretter aujourd'hui l'abnégation de Picard.

Louis XIV, qui aimait à attirer en France les savants étrangers, fit faire à Cassini les propositions les plus flatteuses. Il entreprit à ce sujet une négociation diplomatique qui fut couronnée de succès; le pape Clément IX consentit à laisser partir son grand homme. Colbert envoya une somme de mille écus à Cassini pour les frais de son voyage, et lui assura une pension annuelle de neuf mille livres. Le pape, de son côté, promit de lui conserver les émoluments de sa charge, ce qui eut lieu pendant quelques années.

Cassini arriva à Paris en avril 1669; provisoirement logé au Louvre, il put, en 1670, transporter son domicile à l'Observatoire.

Pendant qu'il s'y installe personnellement et qu'il fait faire, sous sa direction, les modifications d'organisation dont sa prise de possession lui démontre l'utilité, faisons de notre côté plus ample connaissance avec celui à qui il devait sa haute situation.

III

Nous voulons parler de Picard, prieur de Rillé en Anjou, et successeur de Gassendi à la chaire d'astronomie du collège de France, qui, ainsi que nous le disions tout à l'heure, fut le premier à signaler à Colbert le mérite de son collègue italien.

« Picard eût sans aucun doute inauguré en France l'ère de l'astronomie de précision et de mesure, s'il eût été libre d'action et si son crédit eût égalé celui de Cassini.

» Il passe pour être le premier qui ait observé les étoiles en plein jour à l'aide de lunettes. Ce qui est certain, c'est qu'il a le premier utilisé les lunettes pour la mesure des angles en les appliquant aux cercles divisés, à la place des règles munies de pinnules, dont on ne se sert plus de nos jours que pour quelques opérations grossières d'arpentage.

» La première mesure qu'il fit, à l'aide d'une lunette mobile, sur un quart de cercle de sept pieds sept pouces de rayon, à la bibliothèque du roi, est du 2 octobre 1667. Cette date est

Planète Saturne.

assurément l'une des plus importantes dans l'histoire de l'astronomie, elle marque un grand pas fait en avant.

» Picard rencontra, à l'origine, des difficultés très grandes, et l'insouciance avec laquelle on traita ses projets a retardé de près d'un siècle les progrès de l'astronomie d'ensemble et de mesure.

» Il ne se contenta pas de perfectionner les moyens d'observation, il a aussi posé les principes de la rectification des instruments astronomiques, et l'on voit dans ses ouvrages qu'il n'a jamais négligé les précautions minutieuses qu'il recommande aux observateurs, et qui consistent dans l'étude des erreurs instrumentales. C'est là qu'est toute la précision des observations modernes.

» C'est à lui encore que l'on doit le procédé qui est devenu en quelque sorte la cheville ouvrière de l'astronomie pratique : l'observation du passage des astres au méridien. Le grand travail de Picard, celui pour lequel il a été le plus souvent cité, et qui lui fit le plus d'honneur aux yeux de ses contemporains, est la mesure de l'arc du méridien compris entre Malvoisine, au sud de Paris, et Sourdon près d'Amiens. Ses triangles furent assis sur une base qu'il détermina entre Villejuif et Juvisy, sur un chemin pavé en ligne droite, et offrant très peu d'inégalité. Cette mesure de la terre a été la première qui fût digne de quelque confiance.

» En octobre 1669, il communiqua à l'Académie des sciences un plan détaillé des travaux qu'il serait utile d'entreprendre pour perfectionner l'astronomie.

» Ses différents projets, dont l'exécution eût fait faire à la science un progrès immense, furent oubliés lorsque Cassini arriva d'Italie avec un plan tout différent.

» Il n'y eut cependant pas rupture entre les deux savants. La modestie de Picard s'accommodait de n'occuper que la seconde place, là où il eût dû avoir la première. En 1673, il eut même un logement à l'Observatoire, où, aidé de Roemer et d'Adrien Auzout, il commença ses premiers essais d'observations méridiennes; mais il eut la plus grande peine à obtenir seulement les instruments dont il avait besoin.

» Les préférences, dit Delambre, n'étaient plus pour Picard, il avait cessé d'être l'astronome en crédit. On trouve dans l'*Histoire céleste* de Lemonnier les observations que Picard fit à Paris, et qui se continuent jusqu'à l'année 1682, qui est celle de sa mort.

» C'est aussi à cette époque que Picard obtint du roi l'autorisation de fonder la *Connaissance des temps.* La première partie de ce recueil, si important pour les navigateurs et les astronomes, parut en 1679; il forme aujourd'hui une collection de 190 volumes (1). »

IV

Cependant Cassini, qui savait plaire en même temps qu'étonner, eut à la cour un succès prodigieux. Il fut souvent admis à entretenir le roi, la reine et les autres membres de la famille royale, qui trouvèrent dans sa conversation un charme toujours nouveau. Il montrait à Colbert et aux seigneurs de la cour les taches du soleil; il leur faisait observer les éclipses, et l'on s'en allait content et flatté de voir tout cela aussi bien que lui. Lorsqu'il avait fait quelque découverte, il ne manquait jamais de l'apporter aux pieds du roi. Il proposa de donner aux quatre satellites de Saturne qu'il découvrit à Paris de 1671 à 1684, avec les lunettes de Campani, le nom de *Sidera Lodoïcea* (astres de Louis). Le roi ne restait pas insensible à des flatteries aussi délicates.

A cette époque, les astronomes, poussés par une curiosité naturelle, firent l'essai de lunettes de dimensions colossales et se flattèrent de pénétrer tous les mystères des mondes plané-

(1) Radau, *Revue des Deux-Mondes*, 1er février 1868.

Télescopes de W. Herschell et de lord Rosse.

taires. Hooke parlait de faire des lunettes de 10,000 pieds qui permettraient de voir des animaux dans la lune. Auzout était d'avis qu'il suffirait d'avoir des instruments assez puissants pour nous y faire voir des édifices ou des flottes. Il se contentait d'une longueur de quelques centaines de pieds. Il y en eut une qui avait 300 pieds de foyer; ce qui suppose un tube d'une longueur égale à la flèche des Invalides. On ne pouvait plus installer dans le bâtiment même ces tubes monstrueux, on les hissait en plein air sur la terrasse. Pour les diriger, on essaya d'abord de les suspendre à des mâts d'une hauteur prodigieuse au moyen de poulies et de cordes.

Auzout et Cassini se décidèrent ensuite de supprimer tout à fait le tuyau des lunettes; on hissait les objectifs à une certaine hauteur, et l'observateur se plaçait au foyer avec l'oculaire à la main. La lunette se trouvait ainsi réduite aux deux pièces essentielles qui en déterminent l'effet optique, mais on s'aperçut bientôt qu'il était impossible de manœuvrer ces deux pièces avec la précision requise pour obtenir des images distinctes, et Cassini dut renoncer à ce genre d'entreprises qui contribuèrent cependant à augmenter son crédit.

En le jugeant à deux siècles de distance, on ne peut s'empêcher de reconnaître que sa brillante réputation reposait plutôt sur des tentatives hasardeuses que sur des travaux d'un mérite réel.

A l'occasion, il s'emparait des idées et même des travaux d'autrui, il s'attribuait volontiers l'honneur d'avoir dirigé la mesure de la terre exécutée par l'abbé Picard. Dans ses recherches théoriques, il suit souvent des errements consacrés depuis longtemps.

Il proposa de substituer aux orbites elliptiques de Képler une courbe nouvelle qui fut nommée la Cassinoïde. Quand Roemer découvre la propagation successive de la lumière, Cassini le conteste.

Biot déclarait en toute occasion que la venue de Cassini en France avait été une calamité pour l'astronomie. Si néanmoins il a joui longtemps d'une réputation universelle, c'est d'abord qu'il avait des qualités brillantes et qu'il étonnait par son vaste savoir ; ensuite il était laborieux, plein de zèle, remuant et tenait sans cesse en haleine l'attention du public ; il savait faire du bruit autour de la moindre de ses découvertes, et établir une entière solidarité entre sa gloire et celle du grand roi dont il se donnait, disait-il, pour mission d'illustrer le règne.

Cependant l'école de Cassini florissait, et pendant près d'un siècle les travaux de l'Observatoire étaient tournés de préférence vers les recherches d'astronomie physique, où les conquêtes sont plus faciles et en apparence plus brillantes.

Cassini mourut en 1712, laissant la direction de l'Observatoire à son fils Jacques, lequel la transmit, en 1756, à son fils César-François Cassini de Thury ; en 1784, ce dernier la laissa en héritage à Jean-Dominique Cassini de Thury, dit comte de Cassini, capitaine de cavalerie au régiment de la Marche, qui la résigna en 1793.

On a appelé cette succession de quatre membres, ou plutôt de quatre générations de la même famille, la dynastie des Cassini.

FRANÇOIS ARAGO

FRANÇOIS ARAGO

FRANÇOIS ARAGO

1786 — 1853

I

Né à Estagel, le 26 février 1786, ARAGO apprit à lire à l'école de son village. Cette première éducation, complétée par quelques leçons de musique, ne révéla ni la force ni la précocité de son esprit. Arago n'était cependant pas un enfant ordinaire.

En 1793, la haine de l'étranger le rendait déjà patriote, l'invasion de sa province par les Espagnols avait fait naître en lui une vive irritation. Un jour, après une bataille perdue à Peirestartes, cinq fuyards espagnols traversaient son village. Le jeune François, qui les vit arrêter, courut bien vite s'armer d'une lance oubliée chez lui par un soldat, et, s'embusquant au coin d'une rue, frappa de la pointe le conducteur du peloton. C'est la seule fois que la colère d'Arago se soit acharnée sur un ennemi vaincu ; il était âgé de sept ans.

Le père d'Arago, nommé trésorier de la Monnaie, alla résider à Perpignan, et le jeune François devint élève externe du collège de cette ville. Il était fort assidu aux jeux des enfants de son âge, et ses études en souffraient un peu. La lecture des classiques français, qui eut toujours pour lui un irrésistible attrait, ne lui causait pas de moindres distractions. Peu capable d'ailleurs de discipline, il négligeait décidément les thèmes et les versions, lorsqu'il apprit par hasard qu'un jeune homme studieux pouvait, sans recommandation, entrer à l'École polytechnique et y gagner rapidement l'épaulette.

Il commença dès lors à s'y préparer seul. Excité par la difficulté, son esprit actif se plongea dans les études scientifiques avec autant de plaisir que d'application et de succès.

A seize ans, Arago partit sans crainte pour concourir à Montpellier; l'examinateur, tombé malade à Toulouse, retourna à Paris sans achever sa tournée.

Le jeune candidat dût attendre l'année suivante et fut reçu le premier.

La science lui fit bien vite oublier de devenir officier. Conseillé par Poisson, et affectueusement accueilli par Laplace, il quitta l'école avant la fin de la deuxième année pour devenir secrétaire du bureau des longitudes. Biot en était membre.

Reconnaissant la portée d'esprit et la puissance d'invention de son jeune collègue, il s'empressa de s'adjoindre dans ses recherches sur la puissance réfractive des gaz, un collaborateur de si grande espérance. Bientôt après, et suivant le conseil de Laplace, il lui proposa de continuer en commun les travaux géodésiques de Méchain en Espagne, et de reprendre l'entreprise interrompue de la détermination exacte du mètre en complétant le réseau de triangles qui devait servir à la mesure du degré terrestre. L'influence de Laplace écarta toutes les difficultés.

Les deux jeunes gens partirent munis d'un sauf-conduit anglais pour leurs opérations nautiques, accompagnés de M. Rodriguès, savant espagnol, associé à leur entreprise par son gouvernement.

Les difficultés étaient grandes; Méchain était mort à la peine en désespérant du succès. Le but était de prolonger la méridienne jusqu'à l'île d'Iviça, qu'il fallait, par un triangle, rattacher au continent et dont les côtés dépasseraient quarante lieues : rien de pareil n'avait encore été tenté. Arago, Biot et Rodriguès se partagèrent le travail.

NEWTON

L'astronome espagnol s'installa sur un pic aride et désert et fut chargé d'entretenir toutes les nuits plusieurs lampes toujours allumées, pendant qu'à quarante lieues de là, Biot et Arago, vivant rudement sous une tente dressée au *desertic de las Palmas,* épiaient le brillant fanal pour en déterminer la direction.

Leur persévérance leur fit passer soixante nuits dans des essais sans résultats ; mais ils ne renoncèrent pas à leur entreprise, et, après deux mois de veilles et d'inquiétudes, leur dernière tentative fut couronnée de succès.

La nuit était profonde, sans lune ; ils promenèrent lentement leur lunette le long de l'horizon de la mer, jusqu'à ce qu'elle rencontrât les montagnes d'Iviça, et choisissant la plus haute, la plus découverte, et qui rappelait la station occupée par Rodriguès, ils dirigèrent vers elle la lunette en la maintenant immobile jusqu'au moment où la nuit devint complètement sombre ; alors ils regardèrent et aperçurent un point lumineux que son immobilité seule distinguait des étoiles de sixième grandeur. La voie était désormais assurée.

Biot retournait à Paris, tandis que l'infatigable et ardent Arago restait à Psarmentera pour recommencer les mesures incertaines. Ne pouvant observer que la nuit, il se délassait pendant le jour par l'étude des théories les plus difficiles. Sans cesse il relisait l'*Optique* de Newton.

Arago, tout entier à ses travaux et ne recevant que de rares nouvelles de sa famille, ne soupçonnait pas la situation politique. L'hostilité secrète qui, sous apparente courtoisie, avait accueilli jusque-là ses travaux, se changeait en haine menaçante et profonde. Arago, quoique tourmenté par ces troubles, ne se laissa pas abattre et continua son travail, et ce n'est qu'après l'avoir porté à sa dernière perfection qu'il gagna Barcelone, alors occupée par les Français.

Pour se dérober aux insultes et sauver sa vie, il dut demander un refuge dans la prison de l'île. Les journaux de la province annonçaient la mort de trois cents Français livrés comme spectacle aux toréadors ; Arago put même lire son propre supplice et ses dernières paroles. Le directeur de la prison, quoique incapable de livrer un innocent, était désarmé ; la vie donc du prisonnier était en danger. Arago, préférant être noyé que pendu, fut conduit sur une barque à demi ponté, que des hommes dévoués menèrent jusqu'à Alger, d'où il put, après quelques mois de séjour forcé, s'embarquer

Alger.

pour la France. Mais la mer alors n'était sûre pour personne, il fut pris par des corsaires espagnols et jugé de bonne prise, sans cependant qu'il eût décliné sa qualité de Français. Après avoir bravé par son silence et des réponses dérisoires l'autorité espagnole, il fut soumis aux plus mauvais traitements.

La mort pour lui et ses compagnons semblait certaine, mais il ne s'en tourmentait pas; ce qui l'émouvait était la vue des Pyrénées.

Le bâtiment capturé portait deux lions que le dey d'Alger envoyait à l'empereur des Français. Un d'eux avait péri; Arago trouva moyen d'en informer le dey qui, transporté de fureur, menaça l'Espagne de la guerre.

Ordre fut immédiatement donné de relâcher les passagers. Arago, libre, fit voile vers Marseille; mais les vents contraires le jetèrent sur la côte de Bougie, le 5 décembre 1808. Malgré les difficultés les plus grandes, il se rendit à Alger, où il arriva le 25 décembre 1808. Ce n'est que six mois plus tard, le 21 juin 1809, qu'il put s'embarquer pour arriver le 1er juillet à Marseille.

L'Académie des sciences et le bureau des longitudes apprirent avec grande joie son retour que l'on n'espérait plus.

Arago se rendit d'abord à Perpignan; mais, après quelques jours donnés à sa famille, il partit pour Paris, afin de déposer sur le bureau des longitudes les heureuses observations conservées malgré les périls de sa longue campagne.

Le succès de cette œuvre si difficile, acheté par tant de fatigues et de dangers, donna au nom d'Arago une juste et précoce célébrité.

II

Peu de mois après son retour, à l'âge de vingt-trois ans, Arago fut nommé membre de l'Académie des sciences.

Le nom d'Arago est glorieusement mêlé à l'histoire des travaux qui, depuis le commencement du siècle, ont donné à la théorie des ondulations sa dernière et haute perfection; et son ingénieuse curiosité, en révélant tout d'abord des phénomènes brillants et inattendus, devait fournir l'occasion de quelques-unes des démonstrations les plus décisives.

Les travaux d'Arago attirèrent vivement l'attention des physiciens et le placèrent au nombre des membres éminents de l'Académie. Accessible, communicatif, il devint le conseil et le guide de tous les jeunes physiciens. Toute idée grande et juste excitait ses applaudissements, et il s'y associait de tout cœur. Toute œuvre grande et belle avait pour lui un charme irrésistible, et aucun sentiment d'envie n'effleura jamais sa grande âme; il éleva toujours la voix pour signaler et vanter de nouvelles sources de découvertes et de travaux, toujours prêt à servir la science. Sa rare habileté d'expérimentateur, la sagacité de son esprit et la vivacité de son imagination furent toujours mises, sans réserve, sans arrière-pensée, au service de nouvelles théories.

C'est à Arago que l'on doit l'aimantation par les courants, origine première de la télégraphie électrique, et la découverte si curieuse et si inattendue du magnétisme en mouvement. Ces deux belles découvertes sont dues à lui seul.

III

Pendant que ces belles découvertes, admirées de l'Europe savante, en faisaient attendre de plus grandes encore, le brillant académicien, l'expérimentateur fécond et ingénieux laissait paraître un nouveau talent : il était un incomparable professeur; aussi, les succès éclatants de son enseignement en firent-ils bientôt, aux yeux des gens du monde, le représentant véritable de la science.

A l'École polytechnique, Arago avait professé tour à tour la géométrie, la théorie des machines, l'astronomie et la physique.

Le cours d'astronomie, professé à l'Observatoire au nom du bureau des longitudes, demandait des qualités bien différentes. Au lieu d'approfondir, il fallait effleurer. L'esprit flexible d'Arago, également capable de descendre et de s'élever, savait éclairer les auditeurs les moins préparés, sans cesser de satisfaire les plus doctes. C'est en se faisant toujours comprendre qu'il se faisait toujours admirer.

Les précieuses notices dont Arago a enrichi l'*Annuaire* du bureau des longitudes, atteignaient le même but et rendaient pour tous la science facile et agréable, en la laissant exacte et profonde.

Au grand physicien, au professeur éminent, se joint un historien scientifique et de premier ordre.

De 1812 à 1845, Arago a composé plus de vingt notices, destinées, la plupart, à l'*Annuaire* du bureau des longitudes : la théorie et l'histoire des machines à vapeur, la théorie du tonnerre, la constitution physique du soleil, la scintillation des étoiles, les puits artésiens, ont été tour à tour le sujet de ses recherches approfondies et de ses explications.

Dans ses écrits, qui seront immortels, son seul but est d'instruire.

En 1829, la mort de Fourier laissa vacante la place de secrétaire perpétuel pour les sciences mathématiques. Trente-neuf suffrages, sur quarante-quatre votants, assurèrent cette place à Arago.

Pendant vingt-deux ans, et malgré d'autres fonctions sérieusement remplies, Arago a été le lucide et infatigable interprète de l'Académie.

Il fallait une conscience scientifique bien irrépréhensible pour affronter son regard sans impudence. Plus d'un sont restés stigmatisés devant l'opinion et le tour énergique de ses jugements. Arago avait tous les talents et les qualités d'un grand orateur. Sa mâle physionomie, sa mine relevée, son

Ecole polytechnique.

air d'autorité, ses yeux altiers, sa tête admirablement belle et brillante d'intelligence exprimaient, avec une égale énergie, l'amour du beau et du bien, l'indignation contre le mal et la majesté intérieure d'une irréprochable conscience. Sa voix était vibrante; son geste, spontané et impérieux, commandait l'attention et accroissait encore la clarté de sa parole, qui, simple et élevée tour à tour, restait toujours lumineuse et colorée.

IV

La Révolution venait d'éclater; Arago ne désirait que la pure gloire de savant. Le titre d'académicien avait été sa seule ambition. Désireux cependant d'être utile, il sollicita et obtint bien aisément les fonctions gratuites de député des Pyrénées-Orientales et de conseiller municipal de Paris. L'esprit d'Arago était de ceux qui peuvent briller dans les assemblées les plus diverses. Plus d'une fois, il retrouva à la tribune les applaudissements chaleureux qui partout suivaient sa voix. Son opposition, souvent vive, fut toujours loyale.

En entrant dans ce nouveau monde, Arago regarda d'abord en observateur curieux ce mouvement, cet empressement, cet orgueil, ces vanités, ces passions, qui, grandissant sans cesse, font tout oublier jusqu'au bien public qui les fait naître.

Mais le rôle de spectateur ne pouvait convenir à sa nature ardente; il se mêla activement à toutes les affaires politiques, et malgré bien des dégoûts, il n'y voulut plus renoncer; mais quel que fût le tumulte et l'embarras des affaires, ses devoirs de député ne lui firent jamais négliger ceux de secrétaire perpétuel de l'Académie des sciences.

Après s'être encore occupé de l'appareil de M. Foucault et encouragé l'Académie en lui donnant son plein assentiment, sa santé profondément altérée, sa vue s'affaiblissant de plus en plus et le menaçant d'une cécité complète, et ses jambes pouvant à peine le soutenir, il fut, sur l'avis de ses médecins, forcé d'aller chercher dans le repos et l'influence de l'air natal un soulagement à ses maux, pour lesquels il n'espérait pas de guérison. En cédant à leurs instances, il ne se faisait, en effet, aucune illusion. Il se laissa conduire dans ces belles contrées; mais, sentant ses forces défaillir de plus en plus, il voulut revenir à Paris, revoir encore l'Académie des sciences et lui faire ses adieux.

Le 22 août 1853, il remplit pour la dernière fois les fonctions de secrétaire. Le 2 octobre suivant, en se réunissant, l'Académie apprit qu'il avait succombé le matin même. Ce jour-là, elle ne tint pas séance.

On se sépara en silence, sans qu'aucune proposition eût été faite ou acceptée.

La perte qui affligeait la France entière était pour l'Académie un véritable deuil de famille (1).

(1) Les *Œuvres complètes* de François Arago ont été publiées, d'après son ordre, sous la direction de M. J. Le Baral, Paris, Gide et Baudry, 1854-59, 16 volumes des tables générales-analytiques, 1 vol. in-8° avec notice chronologique des travaux de François Arago.

EXTRAIT DES ŒUVRES D'ARAGO

Trouver dans les œuvres d'Arago des pages aussi intéressantes, aussi brillantes qu'instructives, était pour nous chose aisée ; nous restreindre dans notre choix était plus difficile.

Peu de savants, croyons-nous, ont eu au même degré le talent de rendre claires et attrayantes des études — ou plutôt des mémoires complets — que leur titre seul de *Notions scientifiques* semble placer bien au-dessus de la portée des simples lecteurs, et que tout le monde cependant peut lire avec autant de plaisir que de fruit.

C'est ce que vont prouver les extraits suivants : de la *constitution physique du soleil*, de la *scintillation des étoiles*, de la *foudre et tonnerre*, enfin une curieuse étude sur les *puits artésiens*, qui, du haut du ciel, fera descendre le lecteur dans les entrailles de la terre.

Scintillation des étoiles.

Les phénomènes du ciel étoilé, qui ne sont pas susceptibles de mesures rigoureuses, excitent à peine aujourd'hui l'attention des astronomes.

Il n'en était pas ainsi jadis, témoin le rendez-vous que Képler assignait à Simon Marius, dans la ville de Francfort, pour une conférence sur la scintillation. Il est peu de phénomènes qui se reproduisent plus souvent que celui-là, on peut ajouter qu'il n'en est pas dont on connaisse moins la cause.

Cette cause, j'ai essayé de la découvrir, sans me laisser décourager par les tentatives infructueuses de mes prédécesseurs. . . . .

En quoi consiste la scintillation ? Question bien posée est à moitié résolue, dit un vieil adage. C'est pour ne pas avoir nettement défini le mot *scintillation* que tant de savants illustres se sont complètement égarés dans l'explication qu'ils ont donnée du phénomène. Ne commettons pas la même faute, disons sans équivoque ce que c'est que la scintillation; ensuite nous en chercherons la cause.

Pour une personne regardant le ciel à l'œil nu, la scintillation consiste en des changements d'éclat des étoiles, très souvent renouvelés. Ces changements sont presque toujours accompagnés de vibrations de couleurs et de quelques effets secondaires, conséquences immédiates de toute augmentation ou diminution d'intensité, tels que des altérations considérables dans le diamètre apparent des astres ou dans les longueurs des rayons divergents, qui paraissent s'élancer de leur centre suivant diverses directions.

Les changements instantanés de couleur qui ont lieu dans l'acte de la scintillation, devant jouer un rôle décisif pour faire apprécier les explications diverses qu'on a données du phénomène, il devient curieux de rechercher si l'observation de ces changements est nouvelle, ou si elle n'avait pas échappé aux anciens astronomes.

L'observation n'est pas nouvelle.

Au moment où je cherchais des preuves de ce fait, M. Babinet me fit remarquer qu'un des noms donnés à Sirius par les Arabes, le nom de *Barakesch*, peut être traduit par l'*étoile aux mille couleurs*.

Tycho avait aperçu des couleurs dans la scintillation des étoiles. Il cite particulièrement la scintillation de l'*étoile nouvelle* de 1572.

Il la compare aux éclats successifs que présente un diamant à facettes, tournant en présence d'une lumière. Mais l'astre de 1572 était-il une étoile ordinaire ?

Galilée signale les teintes particulières à Mars et à Jupiter, qu'affectait successivement l'*étoile nouvelle* de 1604 dans ses scintillations. Képler parle des couleurs variables de la même étoile. Rien de plus clair, à l'égard de la scintillation des étoiles proprement dites, que les passages suivants tirés de l'*Astronomiæ pars optica*, de Képler.

TYCHO-BRAHÉ

« Les étoiles du Chien (Sirius) et Arcturus (du Bouvier), le Chien principalement, revêtent, tour à tour, toutes les couleurs de l'arc-en-ciel.... »

Le changement de couleur des étoiles dans l'acte de la scintillation avait aussi fixé l'attention de Michell et de Melville vers le milieu du siècle dernier.

M. Forster, non seulement remarquait les couleurs, mais il essayait de noter les périodes de leur reproduction.

« Quelquefois, dit-il, la lumière rouge intense se montrait après deux dilatations de l'étoile; dans d'autres circonstances, après trois seulement; d'autres fois, enfin, sans aucune loi régulière. »

Tous les observateurs, Tycho,Képler, etc., s'accordent à reconnaître que Mercure scintille fortement. Gassendi dit même que c'est à raison de cette forte scintillation qu'on avait donné à la planète un surnom grec, qui indique une lumière à éclats successifs.

On trouve le même accord relativement à la scintillation de Vénus.

Voici une observation de Képler, où la scintillation de Vénus est notée à la fois directement et par la projection de ses rayons sur un mur.

« En 1602, le 19/20 décembre, vers le soir, je voyais par une fenêtre Vénus déjà sur son déclin... La planète scintillait avec force. Lorsque je regardais le mur blanchâtre sur lequel se projetaient les rayons de Vénus, il présentait des ondulations comme lorsque la fumée empêche de voir la flamme, et cela avec une grande célérité et des mouvements irréguliers.... J'ai remarqué que cette ondulation de lumière était en rapport avec la scintillation qu'on apercevait sur la planète.... »

. . . .

Tycho-Brahé place Mars au nombre des astres qui scintillent, mais faiblement; Képler dit que des yeux exercés parviennent à distinguer une petite oscillation dans cette planète. .

. . . .

Comment expliquer que Jacques Cassini ait affirmé, dans son *Astronomie*, page 42, que « l'on ne distinguait pas de scintillation dans Mars ? »

Cassini s'est certainement trompé : Mars scintille quelquefois d'une manière non équivoque.

Remarquons, quant à la scintillation des planètes, qu'aucun astronome ne dit, comme pour les étoiles, qu'elle est accom-

GALILÉE

pagnée d'un changement de couleur. La scintillation, dans ce cas, serait donc un simple changement d'intensité.

On pourrait s'étonner, après ces témoignages concordants

sur les scintillations de Mercure, de Vénus et même de Mars, que Cléomède ait soutenu que toute lumière empruntée, que toute lumière réfléchie n'est pas sujette au genre de mouvement de vibration qui constitue la scintillation, si nous ne savions que les anciens ignoraient la nature de la lumière des planètes. . . . .

« Les images du soleil, dit Scheiner, réfléchies par les boules dorées qui surmontent les clochers, paraissent animées d'une sorte de trépidation et semblent sautiller de haut en bas. »

Après avoir fait cette subtile remarque, Scheiner n'a pas l'idée si simple que la petitesse de l'angle, sur lequel l'image solaire se présente alors à l'œil, entre pour quelque chose dans le phénomène observé; il s'en va étourdiment l'attribuer, soit à l'humidité, à la rosée déposée à la surface des boules, soit à des nuages légers, interposés entre la boule et l'observateur.

Simon Marius place Jupiter au nombre des astres qui scintillent. Scheiner est de la même opinion : « La scintillation de Jupiter, dit-il, se fait par éclairs. » Jacques Cassini assure que Jupiter ne scintille jamais. On lit dans la *Météorologie* de Kaemtz :

« Quand la scintillation des étoiles est très forte, les planètes scintillent aussi, comme je l'ai vu pour Jupiter, placé près de l'horizon. »

Tycho-Brahé dit que Saturne ne scintille pas du tout.

Cette opinion est corroborée par Roger Bacon, Gassendi et Jacques Cassini; elle est contredite par Simon Marius et Scheiner. Ces deux derniers observateurs reconnaissent toutefois que Saturne est, de toutes les planètes, celle où le phénomène est le plus difficile à saisir.

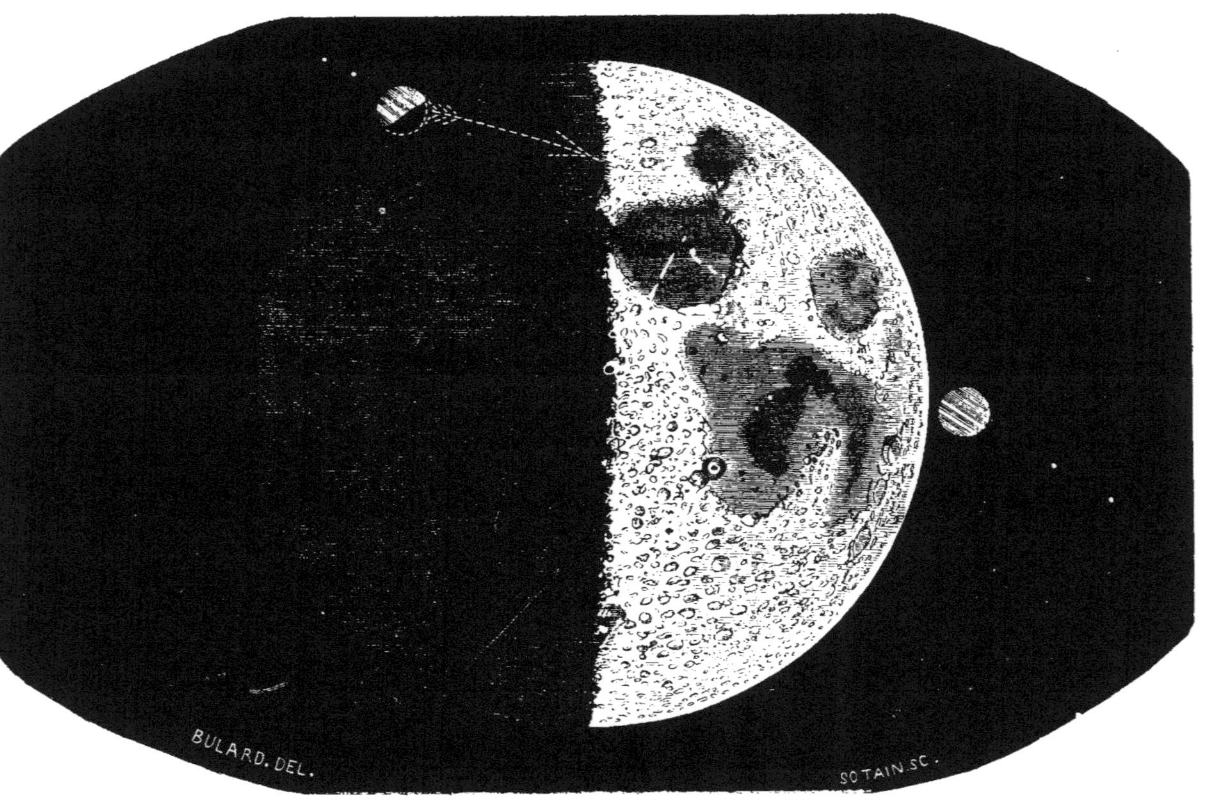

Occultation de Jupiter.

On appelle *occultation* d'une planète ou d'une étoile sa disparition momentanée derrière le soleil ou la lune.

Scintillation dans les lunettes.

On croit généralement que la scintillation n'existe pas dans les lunettes. Cette opinion, quoique professée par des hommes de génie, par Newton par exemple, est erronée, ainsi qu'on va le voir.

Simon Marius est le premier qui ait appliqué une lunette, et même une lunette sans oculaire, à l'observation de la scintillation. Voici ses propres paroles :

« Que celui qui a entre les mains une bonne lunette, en ôte le verre concave (l'oculaire), et qu'il substitue son œil au verre enlevé ; qu'il dirige ensuite la lunette vers l'étoile ou la planète dont il veut observer la scintillation : il verra avec admiration ce que je vais dire, pourvu que le ciel soit bien clair et l'air bien tranquille.

» L'étendue du corps des étoiles et des planètes devient très considérable, et la scintillation paraît comme une fulmination ou une ébullition de la matière des étoiles.

» Pendant ce temps, on verra, par ordre et tour à tour, des couleurs déterminées et distinctes, en plus ou moins grand nombre, suivant les étoiles. Ainsi pour les étoiles qu'on a jusqu'ici regardées comme étant de la nature de Mars, le rouge domine sur toutes les autres couleurs ; tandis que, dans le grand Chien, toutes les couleurs, le vert, le jaune, le rouge et le bleu, se succèdent dans le même ordre, avec à peu près le même éclat et la même abondance, en sorte qu'elles inspirent à l'observateur la plus profonde admiration, jointe au plus vif plaisir.

» Je laisse, ajoute l'auteur, l'explication de ce phénomène à de plus habiles que moi.... »

Hooke rapporte (*Micrographie*, page 218) qu'il a vu, au moyen d'une lunette, de petites étoiles scintiller, comme les petites étoiles visibles à l'œil nu. Dans le passage cité, Hooke ne parle pas de couleurs. . . . .

Dès le moment où mes réflexions se portèrent sur les causes de la scintillation, il me vint à l'esprit que le changement d'intensité et le changement de couleur des étoiles pouvaient être rattachés aux phénomènes des lames minces si minutieusement analysées par Newton. D'après la théorie de cet immortel physicien, il existe, pour toute nature de corps solide ou fluide, des épaisseurs où ces corps ne réfléchissent aucun rayon lumineux, des épaisseurs différentes, mais également très petites, où la lumière blanche se réfléchit rouge, jaune, verte, bleue, violette ; où la lumière transmise présente précisément les teintes complémentaires. Ceci admis, supposons qu'il existe dans l'atmosphère des couches flottantes, des couches d'eau par exemple, ayant ces différentes épaisseurs ; les étoiles, vues au travers, paraîtront avec des éclats variables : elles se montreront colorées, tantôt en bleu, tantôt en violet, en vert, en jaune, en rouge.

Toutes ces conséquences étant conformes aux observations, pourquoi ne regarderait-on pas l'hypothèse qui les a données comme parfaitement justifiée ?

Pourquoi chercher dans des phénomènes complexes d'interférences, une explication qui se déduit si naturellement des propriétés des lames minces. Examinons : l'explication suppose qu'il y a dans l'air des lames flottantes, assez minces pour produire, par voie de transmission, le rouge, le jaune, le vert, etc. De telles lames existent-elles dans notre atmosphère ? Je crois qu'on peut prouver qu'elles n'y existent pas.

Supposons, en effet, qu'une de ces lames vienne se placer entre l'œil de l'observateur et le soleil, la lune, Jupiter, Saturne ou Mars. On verrait sur-le-champ, à la surface de ces astres, suivant l'épaisseur de la lame interposée, une tache rouge, jaune, bleue, verte ou violette. On verrait même ces teintes en plein air, sur des parties circonscrites du bleu du ciel.

L'absence de ces phénomènes m'autorise, je crois, à affirmer que la cause n'existe pas.

Un motif non moins puissant m'a déterminé à renoncer à cette explication, c'est l'impossibilité de rendre compte par ces lames minces, sans recourir du moins aux interférences, des disparitions et réapparitions que le centre d'une image d'étoiles dilatée éprouve de temps en temps dans une lunette.

KÉPLER

Conclusions. — Vous avez fait, dira-t-on, bien des critiques ; ni l'ancienneté, ni la célébrité des auteurs des théories n'ont trouvé grâce devant vous. Ne craignez-vous pas qu'on vous applique la peine du talion ?

Non, je ne crains rien de pareil ; mes réfutations ont été dictées par l'amour de la science et de la vérité. Je recevrai avec déférence tout ce qui pourrait ébranler ma nouvelle explication.

Pour parler sincèrement, je pense qu'en rattachant la

scintillation aux interférences, qu'en faisant intervenir dans ma théorie la densité ou plutôt la réfringence des couches traversées par des rayons, j'ai envisagé le phénomène sous son véritable jour.

Je suis loin cependant de croire qu'après avoir établi ces bases, il ne reste plus rien à faire ; que l'explication, au point de vue théorique et expérimental, ne pourrait pas être perfectionnée.

Par exemple, personne, à ma connaissance, n'a rattaché d'une manière entièrement satisfaisante et jusque dans leur valeur numérique, les disques planétaires que les étoiles acquièrent et les anneaux dont les disques sont entourés, à la théorie des interférences. . . . .

Un jour, conversant avec M. Babinet à la fin de 1827, je lui communiquai des expériences que j'avais faites, en vue d'une théorie de la scintillation, sur les trous obscurs et les petits disques lumineux qu'on voit successivement dans l'image dilatée d'une étoile observée en dehors du foyer.

Ces phénomènes le frappèrent au plus haut degré, et le lendemain, il m'adressa des calculs fondés sur la doctrine des interférences, qui les expliquaient d'une manière satisfaisante.

Il est bien désirable que le public ne soit pas privé plus longtemps des investigations de mon savant confrère. . .

. . . .

J'ajouterai qu'en regardant un jour l'image du soleil, réfléchie, si je ne me trompe, par la boule qui supporte la croix du dôme de la Sorbonne, je la trouvai très scintillante, et que le point lumineux qui paraissait au centre de cette image dilatée, comme dans l'expérience des étoiles, me sembla vivement colorée.

Pour savoir quel rôle joue dans ce phénomène l'intensité de la lumière, j'avais fait construire des boules de verre et des boules métalliques de différents diamètres et parfaitement polies ; j'avais également en vue de déterminer expérimentalement le diamètre angulaire que devait avoir l'image

ROGER BACON

du soleil pour qu'elle ne scintillât pas dans les circonstances atmosphériques les plus favorables.

Je me proposais aussi d'examiner le rôle qu'on pourrait vouloir attribuer à l'oculaire dans l'ensemble de ces phénomènes.

Mais l'état de ma santé, surtout celui de mes yeux, me force de laisser à d'autres, plus heureux, le soin de compléter ce que je n'ai pu qu'ébaucher. Ils trouveront une ample moisson d'observations et de recherches incessantes, au point de vue de l'optique générale et de la théorie des ondulations, s'ils font varier la forme de l'ouverture par laquelle la lumière pénètre dans la lunette.

En substituant, suivant mes désirs, un triangle équilatéral à un cercle, mes deux jeunes collaborateurs, MM. Goujon et Charles Mathieu, sont arrivés à des résultats très curieux ; mais je dois leur laisser le plaisir de les communiquer eux-mêmes au monde savant (1).

Le soleil et sa constitution physique.

... Le soleil, le flambeau du monde suivant l'expression de Copernic, le cœur de l'univers d'après Théon de Smyrne, n'est que le centre ou plutôt le foyer des mouvements de quelques astres obscurs, la principale source de la chaleur et de la lumière dont jouissent ces astres.

L'ensemble du soleil et de son cortège d'astres non lumineux par eux-mêmes, constitue ce que nous appelons le système solaire. . . . .

Le système solaire se compose aujourd'hui :

1° De huit planètes, qui, rangées d'après l'ordre de leurs distances croissantes du soleil, ont été appelées : Mercure, Vénus, la Terre, Mars, Jupiter, Saturne, Uranus, Neptune ;

(1) Extrait des œuvres de François Arago. *Notices scientifiques.*

2° D'un nombre encore indéterminé de petites planètes, appelées aussi astéroïdes, et dont les distances au soleil sont comprises entre les distances de Mars et de Jupiter.

3° De vingt-trois satellites de planètes : un pour la terre (la lune figurée par le signe ☾), quatre pour Jupiter, huit pour Saturne, huit pour Uranus, deux pour Neptune ;

4° D'un nombre de comètes qui, chaque jour, pour ainsi dire, devient plus considérable.

Les planètes circulent autour du soleil, accompagnées de leurs satellites.

Quelques-unes des comètes connues se meuvent aussi dans des orbites finies ; d'autres, au contraire, paraissent parcourir des courbes qui s'éloignent de plus en plus du corps central.

Étudier la constitution physique du soleil et de tous les corps qui constituent le système solaire, déterminer les mouvements de ces astres, leurs volumes, leurs masses, leurs distances du soleil en chaque instant des siècles les plus reculés, tels sont les problèmes que les astronomes modernes sont parvenus à résoudre.

Le soleil embrasse dans le ciel un espace d'environ un demi-degré en tous sens. Du bord supérieur au bord inférieur, du bord oriental au bord occidental, tous ses diamètres, enfin, mesurés de la terre au même moment et alors que l'astre radieux est près du zénith, sous-tendent environ 30ʹ.

Il faudrait donc sept cent vingt soleils tangents l'un à l'autre pour remplir le contour d'un grand cercle de la sphère céleste. . . . .

La valeur du diamètre du disque solaire est loin d'être invariable ; elle est plus grande en hiver qu'en été, elle est au maximum quand la vitesse angulaire du mouvement propre, apparent le long de l'écliptique, est elle-même au maximum.

On comprend donc que nous ne devions citer qu'une valeur approximative, puisque cette valeur est différente pour tous les jours de l'année, quoique, aux époques correspondantes des deux années différentes, elle revienne à l'identité.

... Si l'on admet que le soleil est un corps obscur, entouré à une certaine distance d'une atmosphère, qui peut être comparée à l'atmosphère terrestre lorsque celle-ci est le siège d'une couche continue de nuages opaques et réfléchissants; si on place de plus, au-dessus de cette première

Comète.

couche, une atmosphère lumineuse qui prendra le nom de *photosphère*, cette photosphère, plus ou moins éloignée de l'atmosphère nuageuse intérieure, détermine par son contour les limites visibles de l'astre.

Suivant cette hypothèse, il y a des taches noires sur le soleil toutes les fois qu'il se forme dans les deux atmosphères concentriques des ouvertures ou éclaircies correspondantes, qui permettent de voir à nu le noyau obscur de l'astre.

Considérons une tache dans une position centrale, et supposons que l'ouverture qui s'est formée dans la photosphère ait des dimensions inférieures à celles de l'atmosphère réfléchissante intermédiaire, alors on ne verra à travers les deux ouvertures que le corps obscur du soleil; la tache noire n'aura pas de pénombre.

Supposons, au contraire, que l'ouverture dans la photosphère soit plus large que l'ouverture correspondante de la sphère nuageuse; dans ce cas, l'œil découvrira non seulement le noyau central du soleil, mais encore, autour de ce noyau, une partie de l'atmosphère non lumineuse dont il est entouré; cette atmosphère ne sera aperçue que par la réflexion de la lumière de la photosphère qui s'est dirigée de l'extérieur à l'intérieur.

La cause, quelle qu'elle puisse être, qui détermine l'écartement dans la matière dont se compose l'atmosphère réfléchissante, semble devoir occasionner une accumulation de cette matière tout près des bords de l'ouverture; or, une accumulation de matières doit avoir pour conséquence une augmentation dans la réflexion des rayons lumineux. On voit que par là on rendrait assez bien compte de l'augmentation de la clarté de la pénombre dans le voisinage du noyau obscur qu'elle entoure, c'est-à-dire des facules.

La supposition qu'il n'existerait d'ouverture accidentelle que dans la photosphère, servirait à expliquer les taches sans noyaux, les taches seulement formées de pénombre.

On peut se demander si le soleil se termine brusquement aux limites de sa photosphère. Cette question n'a pu être résolue qu'à l'aide de l'observation des éclipses totales de soleil, car la lumière, réfléchie par notre atmosphère, empêche dans toute autre circonstance d'apercevoir des traces de cette troisième atmosphère. . . . .

Disons toutefois, dès ce moment, que l'existence de cette troisième atmosphère sera établie par des observations démons-

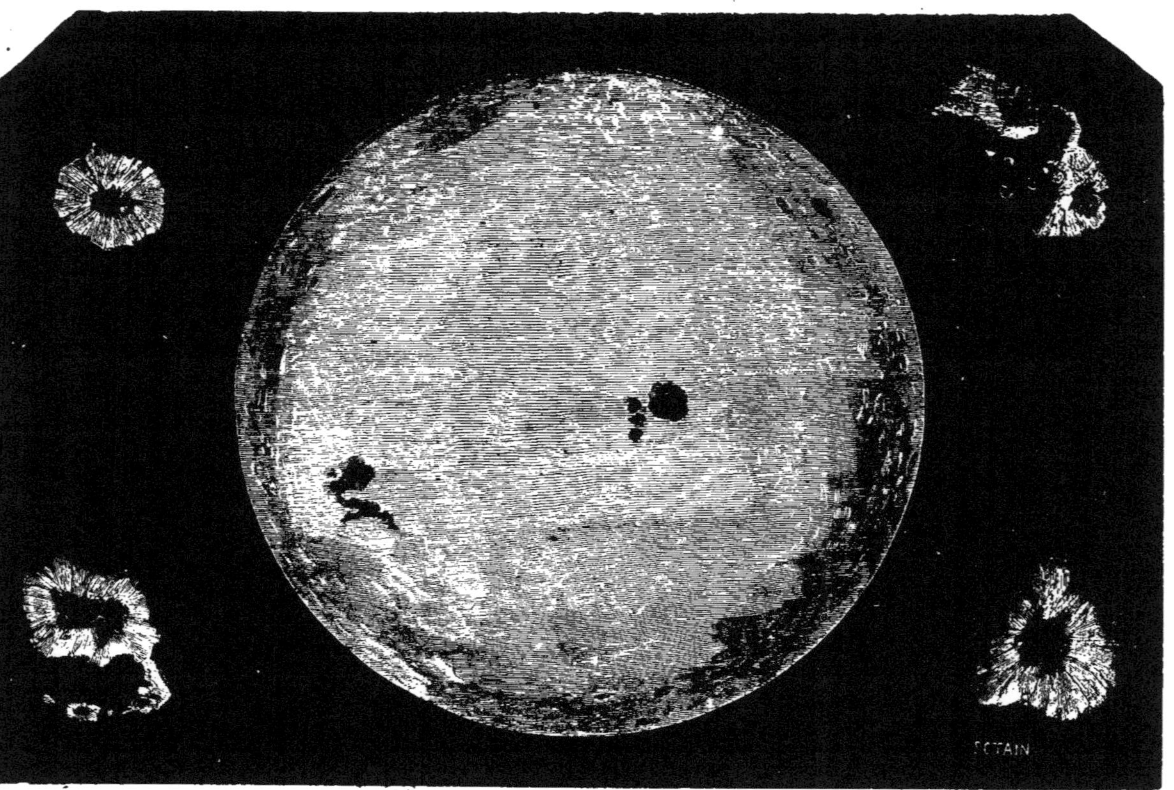

Le soleil et ses taches.

tratives, en sorte qu'en définitive on sera obligé d'admettre que le soleil est formé d'un noyau obscur enveloppé d'une atmosphère réfléchissante et quelque peu opaque, à laquelle succède une atmosphère lumineuse ou photosphère, enfouie elle-même à une certaine distance dans une atmosphère diaphane.

Il était désirable, pour donner à la théorie que je viens d'exposer le cachet de la certitude, qu'on parvînt à examiner par des observations directes, la nature de la matière incandescente du soleil. C'est à quoi je suis arrivé, je crois, à l'aide des phénomènes de polarisation que je vais rapporter.

Personne n'ignore aujourd'hui que les physiciens sont parvenus à distinguer deux espèces de lumière, la lumière naturelle et la lumière polarisée.

Un rayon de la première de ces deux lumières jouit des mêmes propriétés sur tous les points de son contour; il n'en est pas ainsi de la lumière polarisée.

Les différents côtés de ses rayons n'ont pas les mêmes propriétés; ces dissemblances se manifestent dans une foule de phénomènes. . . . .

Tout faisceau lumineux qui rencontre une face quelconque, naturelle ou artificielle, d'un cristal diaphane de carbonate de chaux, nommé *spath d'Islande,* s'y dédouble en deux parties, dont l'une reçoit le nom de faisceau ordinaire et l'autre s'appelle faisceau extraordinaire.

Ces deux faisceaux sont contenus dans un seul et même plan perpendiculaire à la face d'entrée du cristal; c'est ce plan qui détermine dans quel sens le rayon extraordinaire se dirige; le rayon ordinaire reste dans le plan de la réfraction ordinaire. . . . .

En observant attentivement la surface du soleil, nous y avons aperçu des changements rapides et très considérables, qui paraissaient entraîner la conséquence que, dans cet astre, tous les phénomènes d'incandescence se passent dans une substance gazeuse. . . . .

Les opinions sur la question de savoir si les bords et le centre du soleil sont également lumineux, ont beaucoup varié ; mais telle est la difficulté du sujet qu'après deux siècles et demi d'observations assidues et de mesure, on n'est pas encore tombé d'accord. . . . .

Si l'on me demandait : le soleil est-il habité ? je répondrais : je n'en sais rien. Mais qu'on me demande si le soleil peut être habité par des êtres organisés d'une manière analogue à ceux qui peuplent notre globe, je n'hésiterais pas à faire une réponse affirmative.

L'existence dans le soleil d'un noyau central obscur enveloppé d'une atmosphère opaque, loin de laquelle se trouve seulement l'atmosphère lumineuse, ne s'oppose nullement, en effet, à une telle conception.

Herschell croyait que le soleil est habité. Suivant lui, si la profondeur de l'atmosphère solaire dans laquelle s'opère la réaction chimique lumineuse, s'élève à un million de lieues, il n'est pas nécessaire qu'en chaque point l'éclat surpasse celui d'une aurore boréale ordinaire. . . . .

Le docteur Elliot avait soutenu, dès l'année 1787, que la lumière du soleil provenait de ce qu'il appelait une aurore dense et universelle. Il pensait encore que cet astre pouvait être habité (1).

Foudre. — Tonnerre.

Je m'empare des définitions légales de l'Académie française, consignées dans son nouveau dictionnaire.

« *Foudre*. Le feu du ciel, la matière électrique lorsqu'elle s'échappe de la nue en produisant une vive lumière et une violente détonation. »

(1) Extrait des œuvres de François Arago. *Astronomie populaire.*

« *Tonnerre.* Bruit éclatant causé par l'explosion des nuées électriques. »

Ce qui importe particulièrement, c'est de remarquer que *tonnerre*, dont la signification directe est bruit, éclat, roulement, se prend si souvent pour *foudre* qu'on est arrivé à employer les deux expressions indistinctement, même dans le cas où il peut en résulter des méprises ou un manque de netteté.

Caractère des nuages orageux. — Dans le langage vulgaire, les nuages sont une sorte de symbole de la mobilité et du vague dans les formes. *Changeant comme les nuages* est une expression proverbiale, et cependant, nous allons chercher avec les météorologistes si les nuages au sein desquels la foudre naît et s'élabore, où elle se manifeste par d'éblouissants jets de lumière et des détonations plus fortes que celles de l'artillerie, ne se distingueraient pas des nuages ordinaires, par quelques traits particuliers, constants et faciles à saisir.

Je citerai en première ligne une sorte de fermentation à laquelle les nuages orageux paraissent seuls sujets.

Un physicien anglais, M. Forster, compare cette fermentation au mouvement qu'on remarque à la surface d'un fromage rempli de vers!

Lorsque, par un temps calme, on voit s'élever assez rapidement de quelque point de l'horizon des nuages très denses, semblables à des masses de coton amoncelées, c'est-à-dire terminés par un grand nombre de contours curvilignes, brusquement et nettement arrêtés, comme le sont les sommités des montagnes domiques couvertes de neiges; lorsque ces nuages se gonflent en quelque sorte; lorsqu'ils diminuent de nombre et augmentent de grandeur; lorsque, malgré tous ces changements de forme, ils restent invariablement attachés à leur première base; lorsque ces contours, d'abord si nombreux et si distincts, se fondent peu à peu les uns dans les autres, de manière à ne plus laisser bientôt à l'ensemble que l'aspect d'un nuage unique, on peut, suivant Beccaria, annoncer avec certitude qu'un orage approche.

A ces premiers phénomènes succède toujours, à l'horizon, l'apparition d'un gros nuage très sombre, par l'intermédiaire duquel les premiers paraissent toucher à la terre.

Sa teinte obscure se communique, de proche en proche, aux nuages élevés, et il est digne de remarque que ce soit alors que leur surface générale, celle du moins qu'on aperçoit de la plaine, devienne de plus en plus unie.

Des parties les plus hautes de cette masse unique et compacte, partent, sous la forme de longs *rameaux*, les nuages qui, sans s'en détacher, vont graduellement couvrir tout le ciel.

Au moment où les *rameaux* commencent à se former, l'atmosphère est ordinairement parsemée de petits nuages blancs bien distincts, bien circonscrits, que le célèbre physicien de Turin appelle nuages additionnels ou subordonnés.

Les mouvements de ces nuages sont brusques, incertains, irréguliers. Ils paraissent être sous l'influence attractive de la grande masse. Aussi, vont-ils l'un après l'autre se réunir à elle.

Les nuages additionnels ou subordonnés avaient déjà été remarqués par Virgile, qui les comparait à des flocons de laine.

Après qu'en s'étendant, le grand nuage obscur et orageux a dépassé le zénith, lorsqu'il couvre la majeure partie du ciel, l'observateur voit, au-dessous, beaucoup de nuages subordonnés, appelés aussi *ascitizi*, sans qu'il puisse trop décider ni d'où ils viennent, ni comment ils se sont formés.

Ces *ascitizi* paraissent déchirés, morcelés; on dirait des lambeaux de nuages.

Ils poussent çà et là de longs bras. Leur marche est vive, irrégulière, incertaine, mais toujours cependant horizontale.

Lorsque, dans leurs mouvements opposés, deux de ces nuages viennent à se rapprocher, ils paraissent vraiment étendre l'un vers l'autre leurs bras irréguliers.

Après s'être presque touchés, ils se repoussent évidemment.

Les remarques qu'on vient de lire sont la substance de ce qu'a dit sur la matière Beccaria, un auteur qui vivait dans une contrée entièrement entourée de hautes montagnes.

On saura ce qu'elles renferment de local, quand on pourra les comparer à la description d'un orage dans un pays de plaine.

Beccaria n'a pu parler que de la surface inférieure des nuages s'avançant de l'horizon vers le zénith, c'est la seule qui fût visible de son observatoire de Turin.

Nous ne pourrions rien dire sur l'état de la surface supérieure, si nous n'avions consulté des anciens élèves de l'École polytechnique qui, ayant parcouru la chaîne des Pyrénées pour la couvrir de réseaux trigonométriques, avaient dû se trouver fréquemment au-dessus des orages.

Nous avons appris par eux, qu'alors même qu'une couche de nuages semble parfaitement unie, parfaitement de niveau sur sa face inférieure, la face opposée n'est qu'un composé de très hautes protubérances et de profondes cavités.

M. Hossard a indiqué un signe précurseur des orages, dont aucun météorologiste n'avait, je crois, fait mention avant lui.

Cet officier a remarqué que, durant les grandes chaleurs, il se produit tout à coup, sur plusieurs points de la couche des nuages inférieurs, des soulèvements qui se prolongent comme de longues fusées verticales, et à l'aide desquels des régions atmosphériques assez distantes peuvent se trouver en communication immédiate.

Franklin a été plus loin, en un certain sens, que Beccaria.

Suivant lui, un gros nuage unique ne saurait être orageux. Quand on se trouve, dit-il, à peu près placé sur le prolongement horizontal d'un gros nuage d'où jaillissent des éclairs et le tonnerre, on aperçoit, sous celui-ci, une série d'autres nuages fort petits et situés les uns au-dessous des autres. Quelquefois les plus bas de ces petits nuages sont peu éloignés de la terre.

Ainsi, d'après Franklin, deux conditions sont nécessaires pour qu'un nuage soit orageux; il faut que ce nuage soit très étendu ; il faut, de plus, que de petits nuages s'interposent entre sa surface inférieure et la terre. Il est des physiciens dont les observations doivent être admises presque sans examens quand il s'*agit de faits positifs ;* mais en matière de *faits négatifs*, cette foi aveugle serait une grande faute.

On doit comprendre que les circonstances rares et fortuites sous l'influence desquelles certains phénomènes naturels se développent, peuvent ne s'être jamais offertes à tel ou tel savant, quelque éminent qu'il soit d'ailleurs.

La foudre produit, en tombant sur certaines roches, des phénomènes locaux de fusion et de vitrification bien connus des observateurs.

Ces vitrifications superficielles et circonscrites ont été aperçues par M. de Humboldt à la partie culminante de la principale sommité de la montagne de Toluco (ouest de Mexico), à la hauteur de 4,620 mètres au-dessus du niveau de la mer ; par Saussure, au sommet du mont Blanc, à 4,810 mètres d'élévation ; par Ramond, au mont Perdu, à 3,410 mètres, et au Pic du Midi, à 2,935 mètres.

Qui, d'après cela, ne se croirait autorisé à dire que, dans les pays de montagnes au moins, les nuages orageux s'élèvent quelquefois :

Au Mexique,	à plus de 4,620	mètres ;
En Suisse,	» de 4,810	»
Dans les Pyrénées,	» de 3,410	»

La conséquence serait juste, mais la démonstration manquerait complètement de rigueur.

Partant de l'opinion commune, adoptée sans réflexion, que la foudre s'élance des nuages, *seulement* de *haut* en *bas*, je citerai un fait qui établit la réalité de la marche inverse. Nous verrons, en effet, divers objets frappés et endommagés par un coup de foudre parti de nuages beaucoup plus bas qu'eux.

Nous ne pouvons guère espérer trouver des déterminations certaines des plus grandes hauteurs où se maintiennent les nuages orageux, que dans les relations des voyages faits sur

FRANKLIN

les sommités des principales chaînes de montagnes des deux continents. Bouguer, dans son ouvrage sur la figure de la terre, parle d'un orage qui les surprit, lui et La Condamine, au Pichincha, un des sommets de la Cordillère du Pérou.

La hauteur du Pichincha, au niveau de la mer, est de 4,868 mètres.

MM. de Saussure, père et fils, furent assaillis par un violent orage le lendemain de leur arrivée au col du Géant.

La hauteur des nuées orageuses au-dessus de la montagne ne fut ni déterminée ni évaluée.

Tout ce que nous pourrons dire de cette hauteur, rapportée au niveau de la mer, sera donc qu'elle surpassait notablement la hauteur du rocher où MM. de Saussure avaient établi leur tente, c'est-à-dire à 3,471 mètres. Un paragraphe de la relation si célèbre de ces deux grands observateurs, dans lequel ils font mention d'orages qui naissaient à la sommité du *mont Blanc*, toutes les fois qu'il s'y formait deux couches de nuages, nous autoriserait à augmenter d'un *millier* de mètres le nombre que nous venons de rapporter et d'affirmer qu'au milieu des Alpes, *MM. de Saussure ont vu, ont entendu des orages* dont le siège était à environ 4,500 mètres de hauteur verticale au-dessus du niveau de l'Océan.

En août 1826, à la station géodésique du Pic de Troumouse (élevé de 3,086 mètres), les orages s'engendraient dans une couche de nuages, dont la surface la plus voisine de la terre était à environ 3,000 mètres de hauteur verticale au-dessus de la mer.

Je me suis attaché jusqu'à présent à noter les plus grandes hauteurs où s'engendrent les orages.

Pour la question des hauteurs ordinaires, je ne trouverai guère de documents. Les observations de de l'Isle, n'étant jamais accompagnées d'une appréciation de la hauteur angulaire des éclairs, ne peuvent donner que de simples limites.

Le Gentil, qui séjourna quelque temps à l'Ile de France, à Pondichéry et à Manille, assure, d'après ses propres observations, que, sur ces trois points des régions équinoxiales, la couche inférieure des nuages dans lesquels s'engendrent les *orages ordinaires* n'est jamais à plus de 900 mètres d'élévation verticale. Toutefois, par une exception, le 28 octobre 1769, à Pondichéry, le foyer de l'orage se trouvait à une hauteur de plus de 3,300 mètres.

Les phénomènes de lumière qui se manifestent dans les

HUMBOLDT

orages (les éclairs) ont des formes assez dissemblables, et des propriétés assez variées pour qu'il m'ait paru nécessaire d'en faire plusieurs classes.

La première classe comprend certains éclairs que tout le

monde a dû remarquer, et qui paraissent consister en un *trait*, en un *sillon de lumière très resserré, très mince, très arrêté sur ses bords.*

Ces éclairs ne sont ni toujours blancs, ni toujours de la même couleur.

Les météorologistes déclarent en avoir vu de purpurins, de violacés, de bleuâtres.

Malgré leur incroyable vitesse, ils ne se propagent pas en droite ligne. Ordinairement, au contraire, *ils serpentent, ils dessinent dans l'espace* des zigzags très prononcés.

Howard a vu des éclairs qui, après avoir terminé presque complètement leur course descendante, revenaient sur leurs pas, parcouraient, dans ce mouvement rétrograde ou de bas en haut, le tiers, la moitié même de l'intervalle compris entre les nuages et le sol, se reployaient de nouveau et allaient frapper quelque chose de terrestre.

L'abbé Richard, l'auteur de l'*Histoire naturelle de l'air et des météores*, me fournit un exemple d'évidente, de forte bifurcation. Il vit lui-même un sillon lumineux, unique au départ de la nue, se partager en deux à quelque distance de la terre, et chaque moitié aller frapper un objet séparé.

Quand il faut se prononcer sur la forme de phénomènes fortuits et qui durent aussi peu de temps qu'un éclair de la première espèce, l'on est heureux de pouvoir citer des observateurs du mérite de Nicholson.

« Le 19 juin 1781, un violent orage, dit-il, passa sur l'extrémité occidentale de Londres. J'étais alors à Battersea, et je fis la remarque que les éclairs, accompagnés d'ailleurs d'explosions très marquées et très distinctes, furent, dans beaucoup de cas, *fourchus* à leur extrémité inférieure, mais jamais dans le haut. »

Si les cas de bifurcation ne sont pas communs, on concevra combien, à plus forte raison, doit être rare le partage d'un éclair unique en trois éclairs distincts.

Suivant une opinion fort répandue chez nous, tant parmi

les physiciens que dans la masse du public, ce seraient principalement, sinon exclusivement, les éclairs en *sillon*, en zigzags, qui porteraient avec eux l'incendie et la destruction; ces éclairs, en un mot, constitueraient la foudre proprement dite.

La lumière de la seconde classe d'éclairs, au lieu d'être concentrée dans des traits sinueux presque sans largeur apparente, embrasse, au contraire, d'immenses surfaces.

Elle n'a d'ailleurs ni la blancheur, ni la vivacité de la lumière des éclairs fulminants.

Souvent sa teinte est *un rouge* très intense. Le bleu ou le violet y dominent aussi de temps en temps.

Quand il arrive qu'un éclair de la seconde classe est sillonné par un éclair en zigzag de la première, la différence de leur couleur devient manifeste aux yeux les moins exercés.

Ces éclairs ne paraissent quelquefois illuminer que les contours des nuages d'où ils émanent.

Quelquefois encore leur vive lumière embrasse toute l'étendue superficielle de ces mêmes nuages, et, de plus, ils semblent sortir de leur intérieur. On dirait que les nuages s'entr'ouvrent : expression populaire qui dépeint bien ce phénomène.

Ces éclairs de la seconde classe sont de beaucoup les plus communs.

Les éclairs de la troisième classe diffèrent des deux premiers par leur durée, par la vitesse et par la forme; ils sont visibles pendant une, deux, dix secondes de temps et même plus.

Ils se transportent des nuages à la terre avec assez de lenteur pour que l'œil les suive nettement dans leur marche et apprécie leur vitesse. Les espaces qu'ils embrassent sont circonscrits, nets, définis, et d'une forme qui doit peu différer de la sphère.

Ces globes de feu sont aujourd'hui une pierre d'achoppement pour les minéralogistes théoriciens de bonne foi.

Les éclairs s'échappent quelquefois des nuages par leur surface supérieure et se propagent dans l'atmosphère de bas en haut.

En 1700, Jean-Baptiste Werloschnigg, médecin, qui visitait une église sur une montagne dans la Styrie, vit se former, vers la moitié de la hauteur de la montagne, des nuages très épais et très noirs qui furent bientôt le foyer d'un grand orage. Le ciel continua à rester serein au sommet; le soleil y brillait du plus vif éclat. Chacun pouvait se croire en parfaite sûreté dans l'église; et, cependant, *la foudre*, *partie du nuage inférieur*, y alla tuer sept personnes à côté du docteur Werloschnigg.

Les éclairs les plus brillants, les plus étendus de la première et de la seconde classe, même ceux qui paraissent développer leurs feux sur toute l'étendue de l'horizon visible, n'ont pas une durée égale *à la millième partie d'une seconde de temps*.

A l'apparition des éclairs succèdent ordinairement des bruits que tout le monde a entendus, mais sans avoir assez remarqué peut-être les caractères différents qui les distinguent suivant les circonstances.

Quelquefois le bruit du tonnerre paraît *clair*, *sec*, comme celui d'un simple coup de pistolet.

Plus généralement, il est *plein et très grave*.

Dans les phénomènes du tonnerre, deux circonstances semblent dignes d'attention : d'une part, sa longue durée ; de l'autre, les diminutions d'intensité qui se renouvellent si fréquemment pendant le retentissement d'un seul et même coup, d'une seule et même détonation.

Ce n'est donc pas par hasard que l'expression *roulement du tonnerre* a été généralement adoptée.

Le tonnerre, même dans nos climats, fait quelquefois entendre un bruit continu pendant des heures entières : alors, les éclairs se succèdent sans interruption.

Je trouve dans les registres d'observations faites, à Paris, par de l'Isle à la date du 17 juin 1712 : un tonnerre dont le roulement dura 45 minutes.

Le même jour, les plus forts résultats, après celui que je viens de rapporter, furent : 41, 36 et 34 secondes.

Dans les observations suivantes, du 3, du 8 et du 28 juillet, de l'Isle trouva au maximum des durées de 39, de 38, de 36 et de 35 secondes.

Ceux qui n'ont pas étudié les orages ignorent peut-être que le bruit de chaque détonation n'a pas toujours son intensité au début.

Le tonnerre commence souvent par un roulement sourd, auquel succèdent de bruyants éclats, suivis eux-mêmes d'un roulement dont l'affaiblissement est rapide, mais graduel.

La science possède malheureusement peu d'évaluations numériques des intervalles compris entre les faibles commencements de certains tonnerres et leurs périodes retentissantes.

L'intensité du tonnerre, et, par là, j'entends sa période la plus éclatante, offre d'étonnantes variations.

Tout le monde a remarqué que le tonnerre commence à se faire entendre assez longtemps après l'apparition de l'éclair.

La cause de ce phénomène est simple.

Quand le bruit succède à l'éclair à moins d'une seconde d'intervalle, on déclare sans autre examen les deux phénomènes simultanés, tandis qu'il faudrait plus que jamais apporter de l'exactitude dans les appréciations.

Sénèque assure qu'il tonne quelquefois sans éclairs.

Les tonnerres sans éclairs ont peu excité l'attention des observateurs; cependant, on pourrait en citer quelques exemples.

Les éclairs sans tonnerre, par un temps couvert, paraissent être communs aux Antilles.

Sénèque affirme que la foudre gronde quelquefois dans un ciel sans nuage.

Lucrèce, au contraire, dit sans hésiter : « Où le ciel est serein, le bruit ne se fait pas entendre. »

Cependant Volney est plus explicite. « Le 13 juillet 1788, dit-il, à six heures du matin, le ciel étant sans nuages, j'entendis à Pontchartrain quatre à cinq coups de tonnerre. Ce ne fut qu'à sept heures un quart qu'un nuage parut au sud-ouest. En quelques minutes tout le ciel fut couvert. Peu de temps après, il tombait de la grêle grosse comme le poing. »

On s'exposerait à des erreurs en allant chercher des exemples de jours sereins accompagnés de tonnerre, dans les pays sujets à de forts tremblements de terre. Ces derniers phénomènes, en effet, sont souvent précédés de longs mugissements, dont une illusion acoustique, encore mal expliquée, transporte le siège dans l'atmosphère.

Voilà pourquoi je n'ai point cité les tonnerres effroyables qu'on entendit par le temps le plus beau, il y a une centaine d'années, à Santa-Fé de Bogota, et en commémoration desquels il se dit tous les ans, à la cathédrale de cette ville, la *messe du bruit (la missa del ruido).*

Si je voulais citer tous les cas dans lesquels l'odeur sulfureuse s'est manifestée, je ferais ici le catalogue presque complet des coups de foudre dont on a été à même, peu de temps après l'explosion, de suivre les effets dans des appartements fermés. Je me bornerai donc à quelques exemples; je citerai, en première ligne, ceux où l'odeur développée était tellement forte qu'on la sentait en plein air.

Wafer, chirurgien de Dampier, raconte qu'en traversant l'isthme de Darien, les ondées qu'on éprouvait « étaient accompagnées d'éclairs et de furieux coups de tonnerre, et qu'*alors l'air était infecté d'une odeur sulfureuse*, capable d'ôter la respiration, surtout au milieu des bois. »

Dans un autre passage de la relation de Wafer, je lis : « Après le coucher du soleil (les voyageurs étaient à la belle étoile sur un monticule), il se mit à pleuvoir d'une si terrible force, qu'on aurait dit que le ciel et la terre allaient se confondre. On entendait à chaque instant d'épouvantables coups de tonnerre. Les éclairs avaient une odeur de souffre si

Vue de l'Ile de France.

intense, que tous les assistants en furent presque étouffés.... »

En février 1771, à l'Ile de France, Le Gentil, de l'Académie des sciences, vit la foudre éclater sur un point de la campagne très peu éloigné de la galerie où il se trouvait alors, chez le comte de Rostaing.

Quatre heures après la détonation, et quoiqu'il eût beaucoup plu, Le Gentil et M. de Rostaing, en passant par hasard près du point foudroyé, sentirent une odeur de soufre très prononcée.

Chacun a pu concevoir pourquoi j'ai placé ici, en première ligne, les manifestations d'odeurs sulfureuses qui s'étaient opérées en plein air; chacun comprendra, à plus forte raison, tout l'intérêt qu'il y avait à rechercher si la foudre produit des effets analogues en mer.

Lorsque le vaisseau anglais, *la Montagne*, fut frappé par un *globe de feu*, le 4 novembre 1749, avec une détonation que Master Chalmers assimila à celle qui résulterait de l'explosion simultanée de plusieurs centaines de canons, le navire répandit une si forte odeur qu'il paraissait n'être qu'une *masse de soufre.*

A ce moment, *la Montagne* se trouvait par 42° 48′ de latitude nord, et par 13° de longitude occidentale, ou, ce qui revient au même, à environ 25 lieues des terres les plus voisines.

Le New-York, paquebot de 520 tonnes, fut frappé deux fois de la foudre dans la journée du 15 avril 1827, par 38° environ de latitude nord et 63° de longitude occidentale comptée de Paris, c'est-à-dire à une époque où sa moindre distance à la terre était de 150 lieues.

Au moment de la première décharge, comme le bâtiment n'avait pas de paratonnerre, il y eut de graves dégâts; cependant, la foudre ayant trouvé sur son chemin des pièces métalliques qui la conduisirent à la mer, rien ne prit feu; cela n'empêcha pas que les cabines *ne s'emplissent d'épais nuages de fumée sulfureuse.*

Quand la seconde explosion arriva, le paratonnerre du *New-York* était en place. Le navire fut pendant un instant resplendissant de lumière comme la première fois, mais il n'éprouva pas de dommage sensible. Néanmoins, les diverses parties du paquebot, et particulièrement la cabine des dames, *se trouvèrent subitement remplies de vapeurs sulfureuses, si épaisses qu'on ne pouvait rien voir à travers....*

Après la grande et célèbre expérience dans laquelle Cavendish parvint, à l'aide d'une étincelle électrique, à réunir en acide nitrique liquide, les deux éléments gazeux dont se compose l'air que nous respirons, il n'était guère permis de douter que la foudre ne sillonne pas impunément de ses traits enflammés d'immenses étendues d'atmosphère.

Peu d'années cependant se sont écoulées depuis l'époque où un chimiste allemand, M. Liebig, a soumis cette idée si naturelle à des épreuves décisives. . . . .

. . . .

La propriété dont jouit la foudre de fondre les métaux est mentionnée aussi par Lucrèce, Sénèque, Pline.

Ils citent spécialement le fer, l'or, l'argent, le bronze, le cuivre.

La bizarrerie remarquée par Aristote à l'égard du bois, s'était offerte aux philosophes de Rome dans des circonstances analogues.

« On a vu, dit Aristote, le cuivre d'un bouclier (mot à mot la cuivrerie), se fondre sans que le bois qu'il recouvrait en fût endommagé. »

« L'argent, dit Sénèque, se fond sans que la bourse qui le contient soit endommagée; l'épée se liquéfie dans le fourreau qui demeure intact. Le fer des javelots coule le long du bois, et le bois ne prend pas feu. »

Pline assure que « de l'or, du cuivre, de l'argent, contenus dans un sac, peuvent être fondus par la foudre, sans que le sac soit brûlé, sans que la cire qui le ferme, empreinte d'un cachet, ait été ramollie. »

Lucrèce parle de la liquéfaction de l'airain.

A moins qu'on ne suppose que la puissance du tonnerre se

LIEBIG

soit prodigieusement affaiblie depuis deux mille ans, nous aurons beaucoup à rabattre de ces résultats. . . . .

. . . .

En 1781, M. d'Aussac et le cheval qu'il montait furent tués par un coup de tonnerre dans les environs de Castres.

M. Garipuy, de l'Académie de Toulouse, ayant, après la catastrophe, examiné attentivement l'épée à poignée d'argent que M. d'Aussac portait, aperçut deux petites parties *fondues* à la coquille de la poignée, l'une dessus, l'autre dessous; des marques évidentes, mais superficielles, de fusion, à la pointe de la lame, sur un demi-pouce de longueur; *la fusion, à sa surface*, du bout du fourreau en fer (ce morceau de fer était aussi percé d'un trou oblong, dans lequel la lame plate et large du canif de M. Garipuy pouvait passer); *la fusion, à un pied de la poignée*, du tranchant supérieur de la lame, sur trois lignes de longueur et une ligne et demie de hauteur, avec cette circonstance que, vis-à-vis de la partie fondue, le fourreau était, *non pas brûlé*, mais seulement percé d'un trou d'une ligne de diamètre....

Le lecteur remarquera, sans doute, que, sur l'épée de M. d'Aussac, la fusion du métal ne se manifeste pas seulement aux deux extrémités, c'est-à-dire aux deux points d'entrée et de sortie, mais encore dans la partie par laquelle, suivant toute apparence, la foudre se partagea entre le cavalier et le cheval.

Voilà, dans un seul événement bien authentique, bien observé, fusion d'argent, fusion de lame d'épée sans inflammation du fourreau....

La foudre raccourcit les fils métalliques à travers lesquels elle passe, lorsque sa puissance n'est pas assez grande pour en déterminer la fusion.

Elle met quelquefois en fusion certaines substances terreuses et les vitrifie instantanément....

C'est une propriété de la foudre bien digne d'être étudiée, que celle en vertu de laquelle le météore transporte quelquefois au loin des masses d'un grand poids. . . . .

. . . .

Dans la nuit du 14 au 15 avril 1718, un coup de tonnerre

fit sauter *le toit et les murailles* de l'église de Gouesnon, près de Brest, comme aurait fait une mine. Des pierres furent lancées *dans tous les sens*, jusqu'à la distance de 51 mètres.

Le coup de tonnerre qui frappa jadis le château de Clermont en Beauvoisis, fit un trou de 65 centimètres de large sur 60 centimètres de profondeur, dans un mur dont la construction remontait au temps de César, et qui, en tout cas, était si dur que le pic l'entamait à peine....

La foudre, quand elle passe près d'une aiguille de boussole, en altère le magnétisme, le détruit entièrement, ou renverse les pôles.

Dans les mêmes circonstances, elle peut communiquer une aimantation plus ou moins forte à des barres de fer ou d'acier, qui, auparavant, n'en offraient aucune trace.

Dans sa marche si rapide, elle obéit à des actions dépendantes des corps terrestres près desquels elle éclate.

.... Lorsque l'atmosphère est orageuse, il y a simultanément, dans les entrailles de la terre, à la surface ou au sein des eaux, de grandes perturbations.

Davini écrivait à Vallisneri qu'il avait observé, près de Modène, une fontaine dont les eaux, toujours limpides par un temps serein, devenaient troubles quand le ciel se couvrait.

Toaldo citait deux phénomènes semblables, dont il avait personnellement connaissance....

J'ai cru devoir examiner si, comme on l'a prétendu sans en administrer la preuve, il tonne moins souvent en pleine mer qu'au centre des continents.

Jusqu'ici mes recherches confirment cette opinion.

En marquant sur une mappemonde, d'après leurs latitudes et leurs longitudes, tous les points dans lesquels les navigateurs ont été assaillis par des orages accompagnés de tonnerre, il paraît évident, à la simple inspection de la carte, que le nombre de ces points diminue avec l'éloignement des continents.

J'ai même quelque raison de croire qu'au delà d'une certaine distance de toute terre, *il ne tonne jamais*.

Je présente cependant ce résultat avec toute la réserve possible, car la lecture de tel ou tel voyage pourrait demain venir me prouver que je me suis trop hâté de généraliser.

. . . .

Le danger d'être frappé de la foudre est-il assez grand pour qu'on doive raisonnablement attacher de l'importance aux moyens d'y échapper?

Dans l'intérieur des grandes villes d'Europe, les hommes paraissent être peu exposés. Lichtenberg dit s'être assuré qu'en un *demi-siècle cinq hommes* seulement furent gravement frappés de la foudre dans l'enceinte de la ville de Gottingue. Sur les cinq trois moururent.

On rapporte qu'à Halle *un seul* homme a été foudroyé à mort dans l'intervalle de 1609 à 1825, c'est-à-dire *en plus de deux siècles.*

A Paris, où l'on tient les tables de l'état-civil avec tant de régularité, M. le chef du bureau de la statistique de la Préfecture m'assure que, depuis un très grand nombre d'années, pas une seule mort n'a été notifiée, comme provenant de la foudre.

Mais, si peu de personnes périssent par le tonnerre dans l'enceinte de nos villes, le nombre des maisons et des édifices frappés et gravement endommagés est, au contraire, considérable....

On me pardonnera, j'espère, de rappeler ici brièvement certains prétendus moyens de préservation qui, examinés du point de vue où le progrès des sciences nous a placés, peuvent paraître absurdes. En tout cas, je dirai que l'étude des aberrations de l'esprit humain ne doit pas être séparée de celle des véritables découvertes, sans compter que les plus grosses erreurs conservent peut-être encore de nombreux partisans.

Pline rapporte que les Étrusques savaient faire descendre la foudre du ciel; qu'ils la dirigeaient à leur gré et qu'entre autres, ils la firent tomber sur un monstre appelé *Volta* qui ravageait les environs de Volsinies; que Numa et bien d'autres avaient le même secret....

On croyait généralement dans l'antiquité *que les personnes au lit et couchées n'avaient rien à redouter de la foudre.*

Je vois, par exemple, que M. Howard enregistre les deux faits suivants avec une prédilection particulière.

Le 3 juillet 1828, la foudre tomba sur *un cottage à Birdham, près de Chichester.* Elle réduisit un bois de lit en éclats, roula par terre les draps, les matelas et la personne qui reposait dans ce lit, sans faire aucun mal à celle-ci.

Le 9 du même mois, la foudre enleva à Great-Hougton, près de Duncaster, la couverture du lit où Mme Brook était couchée, et cette dame n'eut d'autre mal que la peur.

A ces faits j'en opposerai d'autres non moins authentiques.

Le soixante-troisième volume des *Philosophical Transactions* renferme un mémoire dans lequel le révérend Samuel Kirkshaw rend compte de toutes les circonstances du coup de foudre qui surprit M. Thomas Hearthley, endormi dans son lit à Harrowgate, le 29 septembre 1772, et le tua raide. Mme Hearthley, couchée à côté de son mari, ne fut pas même éveillée.

Le 27 septembre 1819, à cinq heures du matin, la foudre tomba à Confolens (Charente) sur une maison où elle tua la servante couchée dans son lit. Le corps était sillonné de brûlures depuis le cou jusqu'à la jambe droite....

Les peaux de veau marin étaient considérées chez les Romains comme un préservatif efficace contre la foudre.

Dans les Cévennes, où pendant longtemps il exista des colonies romaines, les bergers recueillent avec soin les dépouilles des serpents; ils en entourent, encore de nos jours, la forme de leurs chapeaux, et dès lors ils se croient à l'abri des atteintes de la foudre (Laboissière; acad. du Gard).

Ces peaux de serpents, suivant toute apparence, remplissaient jadis, dans l'esprit du peuple, le même office que les peaux plus rares et plus chères de veaux marins....

Le jour de la catastrophe de Châteauneuf-les-Moutiers, deux des trois prêtres qui entouraient l'autel tombèrent gravement frappés. Le troisième, au contraire, n'éprouva aucun mal; lui seul était revêtu *d'ornements en soie*.

D'après *des expériences indirectes*, tous les physiciens ont reconnu que le *taffetas ciré*, la *soie*, la *laine*, sont moins perméables à la matière de la foudre que les toiles de lin, de chanvre ou de toute autre matière végétale. Ils sont un peu moins d'accord sur la question de savoir si, en temps d'orage, les vêtements mouillés sont préférables aux vêtements secs.

. . . .

Les paratonnerres! Nulle conclusion, ce me semble, ne pourrait clore plus convenablement cette notice : *les paratonnerres*, sur l'origine et la nature desquels il serait superflu de nous étendre, *n'ont pas seulement pour effet de rendre les coups foudroyants inoffensifs; par leur influence, le nombre de ces coups est, en outre, considérablement réduit* (1).

Puits artésiens ou puits forés,

connus aussi sous le nom de fontaines jaillissantes, de fontaines artésiennes.

En forant verticalement le sol, dans certaines localités, jusqu'à des profondeurs suffisantes, on atteint des nappes d'eau souterraines qui remontent à la surface le long du canal que la sonde leur a ouvert ; ces eaux forment souvent des jets abondants et élevés.

Les fontaines jaillissantes creusées de mains d'hommes, ou même de simples puits d'un faible diamètre, alimentés par des eaux venant d'une grande profondeur, portent le nom de *fontaines artésiennes*, de *puits artésiens*, de *puits forés*.

Les puits artésiens sont ainsi appelés du nom d'une pro-

(1) *Annuaire des longitudes*, année 1838, François Arago.

vince de France (l'Artois), où l'on paraît s'être le plus spécialement occupé de la recherche des eaux souterraines.

Il ne faut pas se dissimuler toutefois que des puits de

Puits artésien de Grenelle.

cette espèce étaient parfaitement connus des anciens, et qu'ils savaient les construire (1).

(1) On dit que les Chinois connaissent aussi les fontaines artésiennes depuis des milliers d'années.

Olympiodore rapporte que lorsqu'on a creusé des puits dans l'Oasis, à 200, à 300, et quelquefois jusqu'à 500 aunes de profondeur, ces puits lancent, par leurs orifices, des rivières d'eau dont les agriculteurs profitent pour arroser les campagnes.

Dans certaines parties de l'Italie, on faisait aussi probablement usage de puits artésiens à des époques très reculées.

Bernardini-Ramazzini nous apprend, en effet, qu'en creusant à travers les décombres de la très antique ville de Modène, on découvrait quelquefois des tuyaux de plomb qui paraissaient communiquer avec d'anciens puits.

Or, quel aurait pu être l'usage de ces tuyaux, si ce n'eût été d'aller chercher à 20 ou 25 mètres de profondeur, c'est-à-dire fort au-dessous des eaux de mauvaise qualité et insalubres résultant des infiltrations locales, la nappe limpide et pure qui alimente toutes les fontaines de la ville moderne?

En France, nous n'avons aucun moyen de remonter aussi haut.

Le plus ancien puits artésien connu est, dit-on, de 1126. Il existe à Lillers, en Artois, dans l'ancien couvent des Chartreux. Stuttgard, si je suis bien informé, renferme aussi des puits artésiens d'une date fort ancienne.

Les habitants du désert de Sahara connaissent depuis longtemps les puits artésiens....

Avant son arrivée en France, c'est-à-dire vers le milieu du XVIe siècle, Dominique Cassini avait fait construire au fort Urbain un puits foré dont l'eau jaillissait à nu jusqu'à 15 pieds au-dessus du sol. Quand cette même eau se trouvait maintenue dans un tube, elle montait au sommet des maisons.

Ces détails historiques doivent suffire, je crois, pour nous faire espérer que ceux-là même, dont la règle est de n'accorder leur suffrage qu'à ce qui a vieilli, deviendront aujourd'hui les partisans des puits artésiens.

D'où vient l'eau des puits artésiens? — Il paraît naturel de supposer que l'eau des puits ordinaires, des puits artésiens et des sources, n'est autre chose que de l'eau de pluie qui a coulé à travers les pores ou les fissures du sol jusqu'à la rencontre de quelque couche de terre imperméable.

Cette opinion, toutefois, n'a pas été admise de prime abord; des théories plus savantes l'ont précédée. . . . . . .

. . . .

On a cru longtemps que l'eau de la mer avait dû nécessaire-

Grande cascade de Saint-Cloud.

ment se répandre, par voie d'infiltration, dans l'intérieur des continents, et qu'à la longue elle y avait formé une nappe liquide, laquelle, défalcation faite des influences capillaires, ne pouvait se trouver que sur le prolongement du niveau général de l'Océan.

On admettait aussi que, dans ce long trajet au travers des circuits sinueux des terres et des roches, l'eau perdait entièrement sa salure, de telle sorte qu'en quelque lieu de la terre qu'on creusât un puits, on devait rencontrer une couche d'eau douce aussitôt que le fond de ce puits était descendu d'une quantité égale à la hauteur du sol de la contrée au-dessus de la mer.

Pour renverser entièrement cette hypothèse, on n'est pas réduit aujourd'hui à citer seulement quelques puits isolés sans eau, et dont le fond serait cependant plus bas que la prétendue nappe liquide continentale.

On peut parler d'un pays tout entier, de la Russie, que le Wolga traverse dans la plus grande partie de son cours.

Là, une immense étendue de terrain, située beaucoup *au-dessous* du niveau de la mer Noire, n'est pas inondée, n'est pas même marécageuse, ainsi que cela devrait être cependant, si la mer, par une infiltration séculaire, pénétrait indéfiniment dans l'intérieur des terres.

Dans la théorie dont je viens de montrer le peu de fondement, on mettait en jeu un autre élément, la chaleur centrale, quand il s'agissait, non de l'eau des puits, mais de celle des fontaines situées à des hauteurs plus ou moins considérables au-dessus du niveau de la mer. C'étaient alors les vapeurs intérieures qui, seules ou mêlées à l'air, venaient, en se condensant à la surface, y entretenir une humidité continuelle....

Mariotte admet que les *terres labourées* ne se laissent pénétrer, par les plus fortes pluies d'été, que de 16 centimètres (6 pouces) ; ainsi Lahire a reconnu qu'à travers la terre recouverte de quelques herbes, la pénétration n'a jamais lieu jusqu'à 65 centimètres (2 pieds). . . . .

. . . .

Ces diverses observations seraient d'une grande portée dans la question de l'origine des fontaines, si la surface du globe était partout couverte d'une *couche végétale* de quelques mètres d'épaisseur ; mais personne n'ignore que, sur beaucoup de points, le terrain supérieur est du sable, et que le sable se laisse traverser par l'eau comme un crible; que, sur un grand nombre d'autres points, les roches sont à nu, et qu'un liquide circule dans leurs fissures, dans leurs interstices, assez librement.

J'apporterai, d'ailleurs, en preuve de la dernière assertion, cette observation constante des mineurs, de ceux de Cornouailles surtout, que dans les mines situées au milieu de certains calcaires, l'eau augmente dans les galeries les plus

Fontaine des Innocents, à Paris.

profondes, *peu d'heures* après qu'il a commencé à pleuvoir à la surface de la terre....

L'argument sur lequel se fondaient principalement ceux qui se croyaient obligés de chercher l'origine des eaux souterraines dans la précipitation qu'auraient éprouvée des vapeurs aqueuses très chaudes, venant des régions centrales au moment de leur contact avec les couches terrestres froides, voisines de la surface, était tiré d'un fait bien digne d'examen.

Je veux parler de la prétendue existence de sources, assez abondantes *au sommet*, au point culminant de quelques montagnes. Notre petit Montmartre lui-même figure dans cette polémique.

Il y avait, en effet, sur ce monticule, une fontaine (peut-être existe-t-elle encore) qui n'était guère qu'à 16 mètres (50 pieds) au-dessous de sa partie la plus haute.

Aucune eau, disait-on, ne peut alimenter constamment une source ainsi placée, à moins qu'elle ne vienne d'en bas à l'état de vapeur.

Toute vérification faite cependant, il se trouva que la portion de Montmartre, supérieure à la fontaine, et qui pouvait par conséquent lui transmettre ses eaux par voie de simple écoulement intérieur, avait environ 585 mètres de long sur 195 mètres de large.

Or, le volume moyen de pluie qui tombe à Paris sur une pareille étendue de terrain, entre le 1er janvier et le 31 décembre, surpasse de beaucoup la quantité d'eau que débitait annuellement la petite source en question. . . . . . .

. . . .

Au surplus, il eût suffi d'une seule remarque pour réduire à néant les spéculations théoriques que nous venons d'examiner en détail : c'est qu'à l'époque des grandes sécheresses, presque toutes les fontaines deviennent moins abondantes, et qu'un grand nombre d'entre elles cessent même alors entièrement de couler, quoique les vapeurs centrales dussent s'élever et se résoudre en eau comme à l'ordinaire.

Une expérience vraie, mais indûment généralisée, sur le peu de perméabilité de certaines matières dont se compose l'écorce de notre globe, a seule procuré une longue existence à la théorie qu'Aristote, Sénèque et Descartes, avaient donnée de l'origine des fontaines élevées.

Des idées vraiment fantasques sur les produits annuels de certaines eaux courantes, et l'ignorance où l'on était touchant la quantité de pluie, de rosée et de neige qui tombent dans chaque climat, avaient amené à faire jouer aussi le principal rôle aux vapeurs extérieures dans la formation des rivières et des fleuves.

.... Les abondantes nappes liquides que les rivières roulent sans cesse de l'intérieur des continents vers la mer, sont partout une très petite partie de la masse des eaux pluviales annuelles, qui tombent sur les contrées environnantes. Il n'y a donc ici, non plus que pour les fontaines, aucune raison plausible

Aqueduc romain, dit Pont-du-Gard.

d'assigner un rôle à des vapeurs centrales dans l'explication des phénomènes....

Quelle est la force qui soulève les eaux souterraines et les fait jaillir à la surface du globe? — Si l'on verse de l'eau dans un tuyau recourbé en forme d'U, elle s'y met de niveau, elle se maintient dans les deux branches à des hauteurs verticales exactement égales entre elles.

Supposons que la branche gauche de ce tuyau débouche par le haut dans un vaste réservoir qui puisse l'entretenir constamment plein ; que la branche droite soit coupée vers le bas ; qu'il n'en reste qu'une petite partie dirigée *verticalement;* que celle-ci, enfin, soit fermée par un robinet.

Lorsque ce robinet sera ouvert, l'eau jaillira dans l'air, de bas en haut, par le tronçon de la branche de droite, jusqu'à la hauteur où elle s'élèverait si cette branche existait tout entière.

Elle remontera de la quantité dont elle était descendue à partir du niveau du réservoir, qui alimente sans cesse la branche opposée.

Les deux hypothèses que je viens de faire ont été réalisées en grand : la première dans les *soutérazi* des Turcs, et dans la plupart des tuyaux de conduite servant à distribuer les eaux d'une source, élevée aux divers quartiers d'une ville et aux différents étages des maisons ; la seconde, dans les conduits souterrains destinés à engendrer des jets d'eau, ceux de Versailles, de Saint-Cloud, ou du jardin des Tuileries, par exemple.

Lorsqu'ils voulaient amener de l'eau d'un coteau sur un autre coteau, les Romains construisaient à grands frais, dans la vallée intermédiaire, des ponts aqueducs, tels que ceux du Gard, tels que l'aqueduc de Jouy, près de Metz, etc.

Les Turcs résolvent le problème d'une manière infiniment plus économique : ils établissent, le long du penchant du premier coteau, un tuyau descendant en maçonnerie, en terre cuite, ou en métal, qui traverse ensuite la vallée en se modelant sur ses différentes inflexions, et remonte enfin à la pente du second coteau.

En vertu du principe cité, l'eau qui parcourt ce canal s'élève, à très peu près, quand elle a franchi la vallée, à la hauteur dont elle était descendue.

Voilà l'origine du nom *soutérazi* (équilibre d'eau), que donnent les Turcs aux tuyaux de conduite, à l'aide desquels ils remplacent les aqueducs.

.... A un tuyau circulaire substituez un tuyau elliptique,

un tuyau carré, un tuyau polygonal, un tuyau étroit et d'une longueur immense; multipliez à volonté les étranglements, les ramifications, et l'eau ne s'en élèvera pas moins à la même hauteur sur tous les points où elle trouvera assez d'espace pour obéir à la pression qu'elle éprouve....

Rappelons maintenant la manière dont les eaux pluviales pénètrent dans certaines couches des terrains stratifiés; ne perdons pas de vue que c'est seulement sur le penchant des

Fontaine Louvois, à Paris.

collines ou à leur sommet que ces couches se montrent à nu par leur tranche; que c'est là qu'est leur *prise d'eau;* qu'elle a donc toujours lieu sur des hauteurs; songeons, de plus, que ces couches *aquifères*, après être descendues le long du flanc des collines qui les brisèrent jadis en les soulevant, s'étendent horizontalement ou presque horizontalement dans les plaines; qu'elles sont souvent comme emprisonnées entre deux couches imperméables de glaise ou de roches, et nous concevrons l'existence de nappes liquides souterraines qui se trouvent naturellement dans les conditions hydrostatiques, dont les tuyaux de conduite ordinaires et les *soutérazi* nous offrent des modèles artificiels ; un trou de sonde pratiqué dans les vallées, à travers les terrains supérieurs jusques et y compris la plus élevée des deux couches *imperméables*, entre lesquelles une nappe *aquifère* est renfermée, deviendra la seconde branche du tuyau en forme d'U que nous avons cité, ou, si l'on veut, un siphon renversé, ou, si on l'aime mieux, enfin, un *soutérazi*. Le liquide s'élèvera dans ce trou de sonde à la hauteur que la nappe correspondante conserve sur les flancs de la colline où elle a pris naissance.

Dès lors, tout le monde doit concevoir comment, dans un terrain horizontal donné, les eaux souterraines, placées à divers étages, peuvent avoir des forces ascensionnelles différentes ; dès lors, tout le monde expliquera pourquoi la même nappe jaillit ici à une grande hauteur, tandis que, plus loin, elle ne monte même pas jusqu'à la surface du sol.

De simples inégalités de niveau deviendront la cause suffisante, la cause naturelle de toutes ces dissemblances.

L'explication qu'on vient de lire de l'ascension de l'eau dans les fontaines artésiennes, est si naturelle, qu'elle s'offrit la première au physicien.

En effet, dès l'année 1671, J.-D. Cassini disait : « Peut-être ces eaux viennent-elles par des canaux souterrains du haut du mont Apennin, qui n'est qu'à dix milles de ce territoire. »

Aujourd'hui, la confiance en cette théorie paraît cependant un peu ébranlée (1).

(1) *Annuaire* du bureau des longitudes, 1835. François Arago.

LE VERRIER

LE VERRIER

URBAIN-JEAN LE VERRIER

1811 — 1877

I

Né à Saint-Malo (Manche) le 11 mars 1811, LE VERRIER fit au collège de sa ville natale de bonnes études littéraires qu'il compléta par deux années de mathématiques au collège de Caen.

Comme presque tous les hommes qui se sont distingués dans la science, il était à la tête de sa classe; aussi sa famille, ses professeurs et lui-même ne doutaient-ils pas de son succès lorsqu'il se présenta au concours pour l'école polytechnique. Il fut refusé cependant, et cet échec, qui trompait l'espoir de ses maîtres et l'attente de ses condisciples, produisit sur lui une impression douloureuse et durable; toutefois, elle ne le découragea pas; au contraire, son ardeur à l'étude en redoubla.

M. Le Verrier père, employé de l'administration des domaines, n'hésita pas, bien que peu favorisé de la fortune, à s'imposer un réel sacrifice; il envoya son fils à Paris afin d'y perfectionner une instruction déjà très solide. Le succès, cette fois, fut complet : Le Verrier obtint un des premiers rangs au concours de 1831.

« Appliqué à toutes les études, dit M. J. Bertrand (1), il

(1) *Éloge historique*, lu dans la séance publique annuelle de l'Académie des sciences du 10 mars 1870.

réussissait dans toutes les épreuves ; mais, dans son assiduité au travail, ses camarades voyaient plus de volonté tenace que d'inclination pour la science. Dans le jugement que l'on portait de lui à cette époque, on ne signalait aucune aptitude dominante, aucune vocation expresse et certaine. Si un esprit pénétrant et solide, quelquefois brillant, toujours prêt pour la controverse, promettait une carrière honorable et sûre, nul n'en pouvait alors prédire le prochain éclat.

» Entre les services publics ouverts aux élèves de l'école polytechnique, Le Verrier, libre de choisir, préféra l'administration des tabacs ; la manufacture de Paris servait d'école d'application ; sans y négliger l'étude des machines, il prit d'abord parti pour la chimie et y fit de grands progrès.

» Une étude importante sur les combinaisons du phosphore et de l'hydrogène réalisa bientôt, en les dépassant, les espérances de son maître Gay-Lussac. Ses deux mémoires, jugés excellents, renferment des expériences précises de Gay-Lussac, curieusement poursuivies malgré tout le danger qui en relève l'intérêt et en accroît le mérite. Un tel début nous permettrait, en imitant une ingénieuse appréciation de Fontenelle, de voir en lui un chimiste éminent par la facilité qu'il aurait eue à le devenir.

» Sur ces entrefaites, la place de répétiteur à l'école polytechnique étant devenue vacante, Le Verrier et Victor Regnault la demandèrent en même temps ; l'appui presque décisif de l'illustre professeur semblait acquise à son jeune et brillant élève. Il connaissait cependant les premiers succès de Regnault et savait la haute estime inspirée par lui au sévère et judicieux Berthier, il hésitait entre de telles recommandations.

» Par une heureuse rencontre, la place de répétiteur d'astronomie devint vacante en même temps ; on l'offrit à Le Verrier, et l'école polytechnique put accueillir le même jour les deux savants illustres qui, presque le même jour aussi, quarante ans plus tard, devaient laisser dans la science un si grand vide.

» Sans pressentir les hautes destinées de Le Verrier, continue l'éminent secrétaire perpétuel de l'Académie des sciences, on avait souvenir de ses fortes et complètes études, et cette per-

GAY-LUSSAC

mutation, simplement offerte et résolument acceptée, était, en même temps qu'une difficile épreuve, une marque de confiance, qui, peut-être, malgré son succès, ne sera jamais renouvelée.

» Cependant, loin d'être étonné par ses devoirs nouveaux et imprévus, Le Verrier, sans regrets comme sans efforts, sans se partager, sans regarder en arrière, se détacha de la chimie, et, docile au hasard qui lui montrait la route, devint rapidement astronome. Justement fier de ses nouvelles fonctions, il ne semble d'abord aspirer qu'à s'en rendre digne ; peu de jours après sa nomination, il écrit à son père :

« En osant accepter des fonctions qui ont été remplies par » Arago, Mathieu, Savary, je me suis imposé l'obligation de » ne pas laisser baisser dans l'estime publique le poste qu'ils » ont occupé, et, pour cela, je dois non seulement accepter, » mais rechercher les occasions d'étendre mes connaissances. »

» Il étudie, en effet, il travaille sans relâche, et sentant avec son savoir grandir ses forces, il les salue comme une espérance : « J'ai déjà franchi bien des échelons, écrit-il encore, » pourquoi ne continuerais-je pas à monter! » Juste et noble ambition!

» S'il s'émeut et s'empresse, c'est vers le travail et la science; s'il varie ses études, c'est pour étendre et élever son esprit en se préparant par un continuel effort à accepter de nouveaux devoirs.

» ... Conduit par les devoirs de répétiteur sur le seuil seulement de la mécanique céleste, il s'y exerce bientôt avec passion; le succès, dès les premiers pas, le surprend et l'attache ; sur ce terrain fécond dont chaque parcelle a tant de prix, il comprend qu'aucun effort ne doit rester stérile, qu'aucune déception n'est à redouter. »

L'éminent académicien, dont nous nous attachons à reproduire textuellement les appréciations, afin de réfuter par une autorité incontestable les critiques passionnées dont le savoir et le mérite de Le Verrier, comme astronome, ont été et sont encore l'objet, entre ici dans des détails qui, quelle que soit leur haute portée scientifique, ne peuvent manquer d'être compris de nos lecteurs et de les intéresser.

Bien que ces pages aient été écrites pour la plus illustre

assemblée de savants qui existe, et qu'elles aient été lues dans son sein, elles n'en constituent pas moins, grâce à la clarté, à l'élégance du style, un des plus beaux modèles que nous connaissions sur ce sujet de ce qu'on est convenu d'appeler la *vulgarisation scientifique*. Elles suffiraient, à elles seules, à justifier les vers célèbres de Boileau :

Ce que l'on conçoit bien s'énonce clairement;
Les mots pour l'exprimer arrivent aisément.

« Si les planètes indépendantes et libres, dit M. Bertrand, n'étaient attirées que par le soleil, la mécanique céleste, parfaite dès le début dans sa majestueuse pureté, en restant le plus admirable chapitre de la mécanique générale, en deviendrait le plus facile et le plus court; il n'en est pas ainsi, et si le soleil les dirige dans l'ellipse de Képler, d'autres influences, moins puissantes, mais innombrables, les écartent et les troublent. Newton ne l'ignorait pas, et, pour montrer la route à ses successeurs, il y a fait quelques pas de géant.

» L'étude des perturbations a été le chef-d'œuvre des plus illustres géomètres. Euler, d'Alembert, Clairaut, Lagrange et Laplace, ont créé, pour les calculer, de très belles mais très pénibles méthodes, connues d'un bien petit nombre, admirées de tous cependant, car on les juge sur leurs résultats.

» Les forces sont petites, mais non pas leurs effets. La terre à chaque instant, si elle était abandonnée à elle-même, s'élancerait en ligne droite vers les profondeurs de l'espace avec une vitesse de six cent mille lieues par jour environ. Le soleil, par son attraction, la dévie dans le même temps de quatre mille lieues qui font l'écart de la tangente et de l'ellipse sur laquelle il la maintient. La plus grosse des planètes troublantes, Jupiter, peut, quand il agit le plus puissamment, ajouter à ces quatre mille lieues un kilomètre seulement. Mercure, Mars et Vénus, quoique plus rapprochés, produisent un effet moindre, et la plus active des trois, Vénus, peut à peine nous faire parcourir cinq cents mètres en un jour.

» Consacrer une vie de travail et d'efforts à suivre des effets si méprisables en apparence, n'est-ce pas tenter l'impossible, et, par curiosité excessive et frivole, franchir inutilement toutes les bornes ? Faut-il admirer la conscience des géomètres astronomes, ou condamner chez de si grands esprits un trop bouillant appétit pour la science ? De quelle conséquence pourrait être pour un géographe une erreur d'un mètre sur la distance de Paris à Saint-Pétersbourg? La proportion est exactement la même.

» Les chiffres sont exacts, mais c'est d'une illusion qu'ils tirent leur force apparente. Si Jupiter troublait la terre pendant une seule journée, les observations les plus minutieuses, dans le passé comme dans l'avenir, n'en pourraient révéler la moindre trace ; mais quand l'action se prolonge, les effets s'accumulent, comme il est évident, et s'accroissent beaucoup plus rapidement que le temps. Il ne faut pas dire : un kilomètre en un jour représente trois cent soixante-cinq kilomètres en une année; ce serait une très fausse idée. L'opération, simple comme règle de trois, n'est ici nullement applicable : un kilomètre en un jour n'en représente pas en une année trois cent soixante-cinq, mais cent trente-trois mille, car les effets s'accroissent comme le carré des temps. En suivant cette même progression, un siècle, produisant dix mille fois davantage, pourrait déconcerter l'harmonie des planètes et altérer complètement l'ordre de l'univers.

» Un tel excès n'est pas à craindre; la force change de direction; elle défait en un temps ce qu'elle a fait dans l'autre, et sans prolonger cette analyse imparfaite et grossière, on aura fait un premier pas dans cette difficile entreprise et obtenu un premier succès en comprenant que l'action perturbatrice n'est ni méprisable, ni aisée à calculer.

» Tel est le problème auquel Le Verrier, depuis l'année

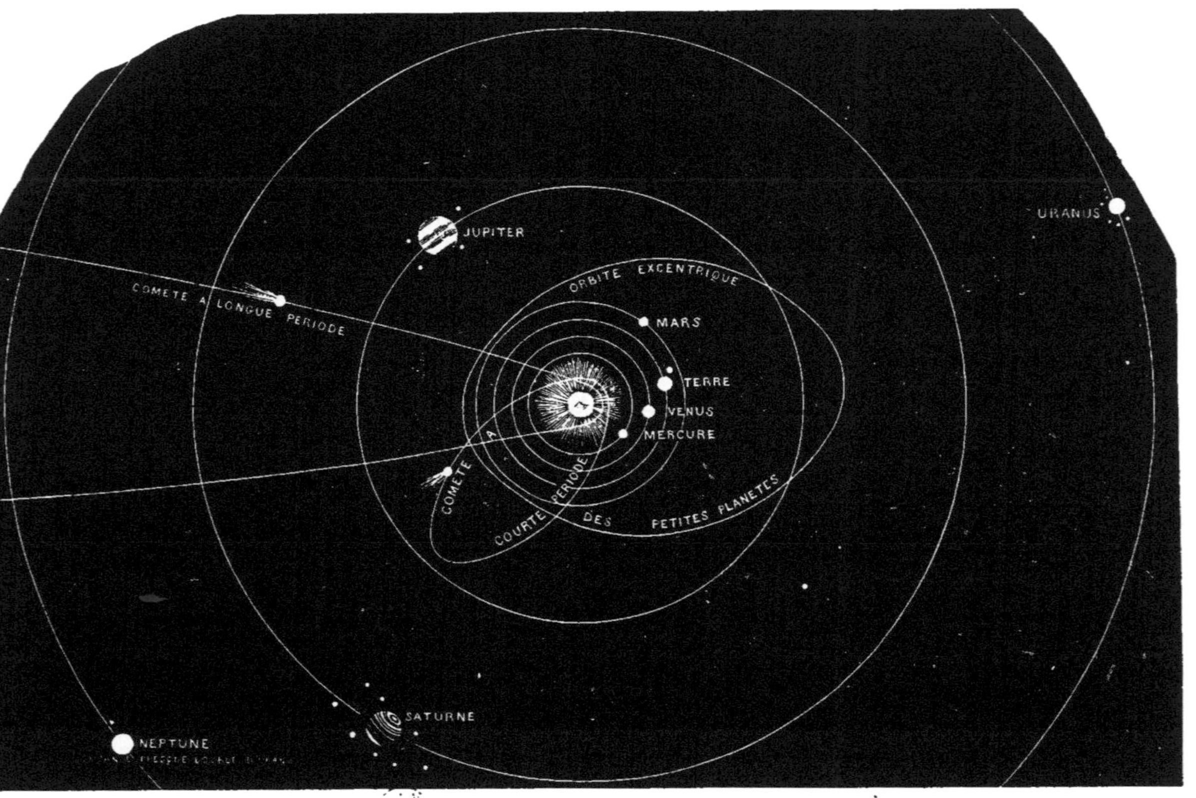

Tableau du système solaire.

1837, a consacré toute l'application de son esprit et l'énergie de son travail.

» Le premier mémoire présenté par lui à l'Académie des sciences, le 10 septembre 1839, a pour titre : *Sur les variations séculaires des orbites planétaires.* Il y étudie la stabilité du système solaire. Les dimensions des orbites planétaires, continuellement et diversement troublées, peuvent-elles varier sans limites? Doit-on redouter qu'en renversant l'ordre et l'arrangement de notre système, le temps qui altère tout, démentant le vieil axiome de l'incorruptibilité du ciel, réalise cette prédiction d'un philosophe ancien, que les cieux se compriment vers nous en vieillissant.

» Les plus illustres géomètres ont accru leur gloire en démêlant, au milieu des variations incessantes, quelques éléments stables et permanents. Introduit par l'étude de Laplace dans les grandes voies des Euler, des d'Alembert et des Clairaut, Le Verrier ne prétend ni les rectifier, ni les élargir, mais les suivre. Pour atteindre ce but, il ne renouvelle pas les méthodes; il les applique avec une rare intelligence des détails et sans reculer devant aucun labeur.... »

II

Nous ne suivrons pas plus loin M. Bertrand dans l'étude et l'appréciation des travaux de Le Verrier. Notre cadre ne nous permet que d'en donner un résumé très succinct.

Parlons tout d'abord de la découverte brillante et inattendue, qui fut le point de départ de sa célébrité européenne et qui lui ouvrit les portes de l'Académie des sciences.

En 1846, avec les seules données et sans le secours d'aucun instrument, Le Verrier découvrit la planète Neptune, située aux confins du monde visible.

La position de cet astre lui avait été révélée par les perturbations d'Uranus, jusqu'alors inexpliquées.

Aux objections qui lui étaient faites sur l'impossibilité que cette planète, si elle existait dans la position qu'il indiquait, eût jusqu'alors échappé aux observations des astronomes, il répondait : « Clairaut, en 1758, parlait de planètes trop éloignées pour être jamais aperçues; espérons que ces astres ne seront pas toujours invisibles, et que, si le hasard a fait découvrir Uranus, on réussira bien à voir la planète dont je viens de faire connaître la position. »

Cependant, « les observateurs accueillaient avec défiance cette assertion fondée sur le seul calcul, et les géomètres eux-mêmes, retenant leur jugement sans cesser de déférer aux principes, n'acceptaient qu'avec réserve, pour les méthodes, une aussi périlleuse épreuve. »

Le Verrier eut alors une inspiration heureuse : il demanda à M. Galle de Berlin de vouloir bien se servir des instruments perfectionnés qu'il avait à sa disposition, pour faire coïncider l'observation astronomique avec ses calculs.

« Par complaisance peut-être plus que par conviction, M. Galle entreprit la recherche ; le jour même où il reçut le résultat des dernières corrections faites par Le Verrier à ses calculs, il rencontra, à cinquante-deux minutes seulement de la position indiquée, un astre qui ne figurait pas parmi les soixante-quinze mille étoiles inscrites sur les cartes du ciel, et que le lendemain on avait pu voir, à très peu près, dans la direction annoncée, le chemin prédit par Le Verrier : c'était la planète Neptune !

» Un cri unanime d'admiration salua d'un même hommage la science admirable entre toutes, qui permet de si merveilleux desseins et le savant assez patiemment habile pour atteindre le but, assez audacieux pour le signaler sans étonnement, assez sûr des principes pour s'y arrêter avec une tranquille confiance.

» Jamais succès plus brillant ne sembla plus incontestable et plus juste. Pendant plusieurs mois, le grand événement agita les académies, remplit les recueils scientifiques et intéressa le monde entier à la marche de l'astre nouveau.

LAPLACE

» Les témoignages de sympathie s'élevèrent de toutes parts; l'illustre Gauss, si peu empressé d'ordinaire à rappeler l'attention sur un nom fameux à tant de titres, ne dédaigna pas de revendiquer l'avantage fortuit d'avoir le premier observé la planète au méridien. La Société royale de Londres s'empressa de décerner à Le Verrier la médaille de Copley ; la Société de Gottingue, sur la proposition de Gauss, l'inscrivit sur la liste de ses associés étrangers, et celle de Saint-Pétersbourg, par une distinction plus flatteuse encore, décida que la première place vacante, à quelque époque qu'elle se produisît, serait réservée à Le Verrier.

» Ce n'est pas sans raison que l'heureux inventeur écrivait naguère à son père : « Pourquoi ne continuerais-je pas à » monter? » Il avait rapidement atteint le faite. Fortifié par le travail, stimulé par sa propre gloire, il voyait devant lui une vaste et belle carrière et se sentait la force de la parcourir.

» Les mouvements de toutes les planètes de notre système solaire subirent son examen analytique, et leurs mouvements furent réglés par lui avec une précision inespérée.

» Il résulte des nouvelles *Tables* dressées par Le Verrier pour toutes les planètes que les plus petits écarts ne sauraient désormais passer inaperçus, grâce à la rigueur des formules nouvelles, qui établissent pour des siècles, pour des milliards d'années, la marche exacte de tous les astres de notre système planétaire.

» Pour donner une idée des exigences de Le Verrier à l'égard de la précision qu'il sut établir dans l'accord de la théorie avec les observations, nous citerons la planète Mercure, qui est, de toutes les planètes connues jusqu'ici, la plus rapprochée du soleil.

» Malgré tous ses efforts, il n'avait pu faire accorder le mouvement de Mercure donné par les observations, avec celui qui résultait de la théorie basée sur l'existence des seules planètes aujourd'hui connues.

» En parlant de désaccord, il faut cependant s'entendre.

» La différence qui existe entre la position réelle de Mercure et celle observée, n'est que de 32 *secondes par siècle !* En d'autres termes, il faut un intervalle de cent ans pour que les positions actuelles de la planète Mercure théorique et de la planète Mercure réelle diffèrent entre elles de 32 secondes.

» Cet écart, M. Le Verrier n'admettait pas qu'il dût se produire. Il voulait une exactitude absolue, et qu'au bout de cent ans, de mille ans, la théorie assignât exactement, mathématiquement, la place occupée par Mercure sur la voûte céleste, sans erreur aucune.

» Habitué à voir ses formules se conformer aux exigences de la précision des observateurs modernes, une différence de 32 secondes par siècle ne devait être produite que par une perturbation.

» M. Le Verrier vit cette cause dans l'existence d'une ou plusieurs planètes inconnues, qui seraient plus rapprochées du soleil que Mercure même.

» Le Verrier donc affirma catégoriquement l'existence de l'astre ou des astres intramercuriels qui troublaient les mouvements de Mercure.

» Ces considérations acquirent un grand poids, à la suite d'une observation faite au mois de mars 1859, par le docteur Lescarbault. Cette observation montra positivement qu'une planète avait effectué son passage sur le disque du soleil.

» Par anticipation, on donna à cette nouvelle planète le nom de Vulcain.

» En 1859, Le Verrier reprit ses recherches, affirmant que l'observation due à un amateur d'astronomie était des plus sérieuses et qu'elle ne laissait dans son esprit aucun doute sur l'existence d'un Vulcain.

» En 1876, Le Verrier, ayant reçu la nouvelle que plusieurs observateurs habiles avaient revu sur le soleil la planète observée par Lescarbault, reprit à cette occasion son travail sur Vulcain.

» Il réunit, au nombre d'une trentaine, des observations dont il ne conserva que cinq.

» Il calcula les éléments probables de la planète qui répondait aux cinq observations suivantes :

» 12 mars 1849, par Siedhotham ;

» 20 mars 1862, par Lummis ;

» 26 mars 1859, par Lescarbault ;

» 10 octobre 1802, par Fritsch ;

» 20 octobre 1839, par Decuppis.

» En prévision du passage de l'astre à chercher sur le soleil le 2 ou 3 octobre 1876, Le Verrier avertit tous les astronomes d'être sur leurs gardes.

» Leurs recherches furent sans résultat, mais les conséquences de la théorie et des observations durent laisser le célèbre astronome français dans les mêmes convictions.

» La mort est venue enlever Le Verrier à la science, sans qu'il ait eu la satisfaction de voir définitivement fixer la place de son astre intramercuriel, bien qu'il ne doutât nullement du succès des recherches ultérieures.

» On voit aujourd'hui combien Le Verrier avait raison d'affirmer l'existence de cette planète ; puisqu'en effet, une nouvelle observation probable de la planète Vulcain a été faite aux États-Unis.

» Le Verrier avait fait construire dans le terrain d'Arago, situé derrière l'Observatoire, un grand appareil, à l'aide duquel il espérait atténuer suffisamment la lumière du soleil, pour permettre d'explorer ses contours et d'y rendre visible l'astre qu'il savait devoir exister.

» La maladie vint entraver ses recherches, mais la nouvelle observation de M. Watson du 29 juillet 1878, consacre la gloire du grand astronome.

» C'est donc Le Verrier qui, le premier, a affirmé l'existence de la planète Vulcain, et s'il n'en a pas fixé théoriquement l'orbite et sa position sur cette orbite, c'est que l'une et l'autre restaient indéterminées (1). »

(1) Extrait de *l'Année scientifique et industrielle* de L. Figuier (1878-1879).

En 1854, Le Verrier fut désigné pour succéder à Arago, dans la direction de notre grand Observatoire national. Étranger à la pratique des observations astronomiques dont il avait néanmoins fait un si fréquent usage, il fut bientôt mis au courant et conçut le double projet de modifier, en les perfectionnant, les anciens instruments de l'Observatoire et d'en établir de nouveaux qui permissent à la France de rivaliser avec l'étranger.

La question d'utilité pratique était la préoccupation dominante de Le Verrier; en tout et partout, il voulait que la science améliorât les conditions de la vie humaine, qu'elle vînt au secours de nos besoins, qu'elle augmentât la facilité des relations de peuple à peuple.

Dans cet ordre d'idées, rien ne lui semblait au-dessous de sa grande renommée, et on le voyait quitter avec empressement les « hautes conceptions astronomiques » qui lui étaient si chères pour s'occuper de détails en apparence secondaires.

C'est ainsi que, vers la fin de sa vie, il apporta tout son savoir, tous ses soins à l'unification de l'heure à Paris : problème dont la solution heureuse lui est due en grande partie.

La question internationale du mètre n'éveilla pas moins son intérêt, et la sollicitude avec laquelle il en poursuivit l'étude est connue et attestée dans tous les pays qui ont pris part à cette œuvre importante.

La carrière de Le Verrier, on le voit, devait répondre jusqu'au bout à ses brillants débuts, toujours elle devait être heureuse et féconde. Mais c'est surtout par l'institution du service des avertissements météorologiques que Le Verrier a bien mérité de l'humanité tout entière. On sait sur quelle vaste échelle ce service a été installé par lui, et on ne peut contester qu'une autorité scientifique telle que la sienne était nécessaire pour réaliser ce service des avertissements aux ports que bénit le marin, celui des dépêches agricoles qui couvrent maintenant toute la France et resteront la base la plus certaine de l'étude si pleine d'avenir et de résultats imprévus des grands mouvements de notre atmosphère.

Rendons ici une fois encore la parole à l'illustre secrétaire perpétuel de l'Académie des sciences.

« La vie d'un homme, disait Le Verrier, est trop courte » pour rassembler les matériaux indispensables à la solution » des grands problèmes astronomiques, et lorsque à chaque » instant nous recueillons les fruits des travaux de nos devan- » ciers, ne comprendrions-nous pas que nous avons à remplir » un devoir sacré, celui de laisser à notre tour à la postérité » des matériaux dont elle aura besoin pour pénétrer plus » avant dans les secrets de la nature. »

» Jamais, continue M. J. Bertrand, Le Verrier n'a oublié ce devoir, et jamais son travail régulier, incessant, n'entrave, quoi qu'il arrive, le progrès qu'il prévoit et qu'il veut préparer.

» L'étude de l'atmosphère, les variations de chaleur et d'électricité, les alternatives de sécheresse et d'humidité, de calme et d'orage, dépasseront toujours peut-être les ressources de la théorie.

» Quand l'analyse si sommaire des causes a expliqué la chaleur de l'été et le froid de l'hiver, quand la rotation de la terre, échauffée sur la zone torride, a révélé la cause des vents alisés, la théorie contemple, sans les prédire, les innombrables phénomènes qui, de l'équateur au pôle, avec une perpétuelle inconstance, se succèdent sans régularité, sans similitude, mais non sans dépendance mutuelle.

» Le Verrier avait le droit de tenir ces questions pour étrangères à son domaine scientifique, aussi bien qu'en dehors de ses devoirs traditionnels. Ni les habitudes de son esprit ne le préparaient à un si difficile problème, ni le zèle pour ses hautes fonctions ne réclamait pour des soins si nouveaux une vigilance aussi minutieuse, une aussi persévérante assiduité.

» Toujours prêt au travail aussi bien qu'à la lutte, il sut créer et mettre en œuvre ce service tout rempli de détails de pratique, sans ralentir un seul jour sa marche régulière et continue dans les droites et larges voies de la mécanique du ciel.

» Remettant à l'avenir de trop difficiles recherches, il prit pour guide presque unique les indications incessantes du télégraphe apportant chaque jour, à chaque heure quelquefois, tantôt les données du problème, tantôt une solution imprévue. La vérité, qui est son guide, lui permet d'oublier la rigueur. Il accumule les renseignements, étudie les directions, et, quand il hasarde une prédiction, sa réalisation, commencée sur plus d'un point, a souvent préparé la confiance.

» Son excellente et très louable ambition n'est plus d'accroître la science : le désir d'être utile est le seul qui le presse ; non seulement, suivant sa coutume, il s'attache à l'application, mais il tend à la seule pratique ; il ne prétend pas, pour contenter l'esprit des philosophes, leur révéler les lois des phénomènes, mais par d'utiles avertissements, aider le laboureur à préserver sa récolte, le pêcheur à fuir la tempête ; moins habile que l'hirondelle de la fable, il n'annonce pas les orages *devant qu'ils soient éclos*, mais il les voit éclore de très loin.... »

III

Nous voici arrivé à la partie la plus difficile, la plus délicate de cette étude.

Nous avons dit avec quelle âpreté, avec quel acharnement, le savant fut attaqué et dans la valeur de ses découvertes et dans son mérite personnel ; nous avons réfuté ces critiques passionnées en invoquant l'autorité, en reproduisant le témoignage des hommes les plus compétents en matière scientifique ; en un mot, nous avons, selon l'ancienne coutume française, soumis le géomètre, l'astronome, au jugement de ses pairs : la sentence a été prononcée à l'unanimité : Le Verrier a été un grand savant ; son nom restera illustre entre tous.

Il nous reste à parler de l'homme, dont le caractère irascible, l'humeur hautaine sont en quelque sorte passés à l'état de légende (1).

Ici encore nous avons recours à un témoignage dont l'autorité est indiscutable, celui de M. Tresca, qui, dans le discours prononcé sur la tombe de Le Verrier, au nom du conseil scientifique de l'Observatoire, trace le portrait de celui à qui il est venu apporter un suprême adieu.

Après avoir esquissé la vie et les travaux du savant, M. Tresca ajoute :

« .... Quant à dire quel a été l'homme, j'ai quelque droit d'y prétendre, parce que je l'ai vu de très près et jusqu'à son dernier souffle, que j'ai pu lire dans son âme qui s'est épanouie aux approches de la mort, et que son cœur m'était ouvert. On l'a dit capricieux et difficile, permettez-moi de vous en dire mon vrai sentiment.

» Impatient et brusque pendant l'élaboration de ses spéculations élevées, dont il ne supportait pas d'être distrait, il était au contraire d'un commerce agréable et facile, confiant même dans les autres circonstances de la vie.

» La contradiction ouverte de ses opinions ne le heurtait point ; il l'acceptait cordialement toutes les fois qu'il était

(1) Voici ce qu'on rapporte à ce sujet. Trois mois à peine après la mort de Le Verrier, un journal français offrait à ses lecteurs une notice nécrologique lue devant une Société illustre dont Le Verrier fut associé étranger ; on y lisait : « Même dans la conversation, ce n'était pas sans terreur qu'on voyait ce rude misanthrope s'arrêter au cours d'une discussion avec un autre savant, le frapper vigouréusement du poing, et pousser même la vivacité jusqu'à le terrasser d'un coup porté entre les yeux.... »

Se faire l'organe d'une fable de ce genre, n'est-ce pas pousser l'indignité jusqu'à l'absurde. Aussi ne relèverions-nous pas cette citation, si nous n'avions à en faire ressortir l'insigne mauvaise foi. M. Piazzi Smith, dans son éloge de Le Verrier prononcé à Édimbourg, parle en effet du poing de l'illustre astronome ; mais il ne décrit aucune espèce de scène de pugilat réel. En dépeignant l'animation avec laquelle Le Verrier appuyait ses paroles du geste, il dit : « qu'il fermait le poing parfois comme pour frapper un ennemi imaginaire. » On voit qu'en traversant la Manche, le discours de l'honorable académicien écossais a reçu de singuliers accrocs.

convaincu que la franchise seule y présidait; mais cette naïveté de cœur qui se traduisait parfois en un abandon plein de charmes, il ne fallait pas qu'elle eût quelque raison de se croire inquiète. Le Verrier n'était plus alors le même homme : l'abandon faisait place à un éloignement au moins dédaigneux, la confiance à une attitude quelquefois blessante. Il se montrait surtout implacable pour ce qu'il pensait être le faux savoir ou le travail inconscient.

» Ce qu'il appréciait surtout, c'était le dévouement sincère à la science, et j'estime que personne n'a jamais porté plus haut l'amour de la vérité scientifique dont il était l'esclave absolu, un peu ombrageux peut-être, difficile souvent et d'une naturelle défiance jusqu'à ce que sa religion fût complètement éclairée ; mais alors quelle ardeur, quelle puissance de conviction, quelle autorité supérieure dans l'appui décisif qu'il lui apportait !

» Son désintéressement de lui-même était trop complet, et s'il regrettait la situation difficile faite quelquefois aux savants, il regrettait bien plus encore les retards que les nécessités budgétaires créaient aux développements, tout à la fois grandioses et sûrs, dont il avait à cœur de doter l'établissement qu'il dirigeait.

» ..... Sa puissance intellectuelle devait entrer prématurément dans une période de déclin fatal : la fatigue supportée pendant l'excès d'un dernier travail véritablement inspiré, devenait pour sa santé, déjà atteinte, trop lourde dans la période de détente qui suivait. La maladie, d'abord lente, s'accusait dans une crise aiguë et frappait ce puissant esprit dans les facultés mêmes qui l'avaient élevé si haut.

» La lutte ne pouvait manquer d'être terrible; huit jours entiers elle s'est prolongée au milieu des soins assidus de sa famille, de l'abnégation amicale de ses médecins et de l'anxiété de tous.

» La fin de ce savant qui fut illustre avant l'âge, et par laquelle on n'apprendra pas sans émotion que l'étude du ciel et la foi scientifique n'avaient fait que consolider en lui la foi vive du chrétien, est un exemple qui sera donné de bien haut à la conscience publique et à la moralité de notre époque.

» L'homme n'aura été connu pour ce que vraiment il était que quand au suprême concert de louanges qui s'élève déjà de ses funérailles on ajoutera avec vérité : Il était peut-être exigeant envers les autres, mais plus exigeant encore envers lui-même, et ce fut un juste? »

Nous retenons ce dernier mot par lequel M. Tresca termine son éloge, et, lui donnant un sens plus restreint, nous disons : Il s'appliqua avec une délicatesse de conscience qu'on ne saurait trop admirer à être « juste » dans toutes les circonstances de sa vie.

Cet esprit de justice, inné chez lui, avait été développé, ce semble, par ce qui aurait pu l'atténuer : son insuccès, lors de son premier examen pour l'école polytechnique, — insuccès qui ne s'expliqua pour lui et ses amis que par un manque d'attention dans la correction ou dans le classement des épreuves du concours — le rendit défiant, lui aigrit le caractère, mais n'altéra pas la bonté de son cœur et la loyauté de ses sentiments.

On en a la preuve dans le passage suivant d'une lettre qu'il écrivait à son père lorsque, répétiteur à l'école polytechnique, il fut chargé de corriger les compositions écrites des concours d'admission à cette école : « Le concours écrit dont je suis seul chargé est une sorte de magistrature que j'exerce et dont je comprends toute la portée. Je ne dormirais plus si je pensais que, par distraction, j'ai pu commettre une de ces injustices si cruelles pour un jeune homme et qui tue son avenir. J'ai trop ressenti, il y a peu d'années, la douleur d'un candidat écarté, pour ne pas tenir leurs droits comme sacrés. »

Pour terminer, disons — et les adversaires les plus ardents du grand astronome ne nous contrediront pas — que ce scrupuleux respect des droits de chacun fut toujours un des traits distinctifs du caractère de Le Verrier.

PUISEUX

PUISEUX

VICTOR-ALEXANDRE PUISEUX

1820 — 1883

I

VICTOR PUISEUX naquit, le 16 avril 1820, à Argenteuil, près Paris. Son père, receveur particulier des contributions indirectes, ayant été appelé par ses fonctions à Longwy en 1823 et, en 1826, à Pont-à-Mousson, c'est au collège de cette ancienne ville universitaire que le futur membre de l'Institut commença ses études.

Dès le début, on put reconnaître en lui un de ces écoliers hors ligne, dont il est aisé de prévoir les progrès et les succès futurs.

Pendant un moment cependant, on avait pu craindre que l'enfant, fort intelligent d'ailleurs, eût quelque peine à vaincre les premières difficultés de l'étude.

A cinq ans, il ne connaissait pas encore les lettres de l'alphabet, et se refusait obstinément à les apprendre ; il décourageait, « par une impassible inertie, la douce sévérité de sa mère. »

Mme Puiseux eut recours à la ruse : elle commençait la lecture d'amusants récits, et quand l'intérêt, la curiosité de son petit auditeur étaient portés au comble, elle fermait le livre :

— Devine le reste, disait-elle.

« Tels furent les premiers problèmes que Puiseux eut à résoudre. » Il ne s'y ménagea pas ; mais quelque ingénieuses que fussent les solutions qu'il imaginait, il n'en était pas satisfait : il savait que le livre renfermait la seule véritable ; or, pour l'y trouver, il fallait savoir lire. « Victor ne fut pas long à apprendre, et ce premier pas fut le seul difficile. Toujours supérieur à ses condisciples, chaque année il franchissait une classe et conservait le premier rang. A l'âge de treize ans, il étudiait en rhétorique avec éclat. »

Les dispositions extraordinaires que le jeune collégien manifestait pour les sciences décidèrent ses parents à l'envoyer achever à Paris des études si brillamment commencées. Cette décision, en facilitant la réalisation de ses rêves d'avenir, comblait tous les vœux de Victor, et cependant, ce ne fut pas sans un grand serrement de cœur qu'il quitta sa famille, qu'il s'éloigna de cette chère Lorraine où s'était écoulée son adolescence et pour laquelle il devait garder, jusqu'à sa mort, une prédilection marquée. « Il aimait tout de ces provinces de l'Est, leur sol, leurs forêts, leurs habitants, et par-dessus tout cet esprit patriotique qui leur est propre et dont il conserva toujours l'empreinte. »

Nous retrouvons Puiseux, installé, à Paris, dans une petite chambre, rue Saint-Jacques, où « il se livre au travail avec une ardeur incroyable, tantôt seul et le plus souvent en compagnie de deux ou trois camarades qu'attirent auprès de lui le charme de son caractère toujours égal, toujours indulgent, et la supériorité de son esprit.

» De distractions, il n'en connaît pas d'autres que de longues promenades, à pied, dans la campagne des environs de Paris et de fréquentes visites à son frère — son aîné de cinq ans, — qui était alors un des brillants élèves de la section des lettres à l'École normale. »

N'y a-t-il pas quelque chose de touchant et d'héroïque à la fois dans la confiance de cette famille, qui laisse ainsi livré à lui-même, dans ce Paris si plein de séductions et de périls pour une nature impressionnable et inexpérimentée, ce jeune homme, à peine arrivé à cette époque de la vie que la timidité, l'hésitation qui lui sont propres, ont fait appeler l'âge ingrat? Mais ce qui étonne et charme surtout, c'est la précocité de raison, de bon sens, de fermeté déjà virile, avec lesquels cet enfant use de la liberté qui lui est acquise, sans jamais être tenté d'en abuser.

Nous ne croyons pas qu'il puisse y avoir dans la vie d'un homme un début plus riche de promesses et offrant plus de garanties pour l'avenir.

L'influence, la direction maternelle, qu'aucun témoignage précis n'indique cependant, se fait ici sentir. Mme Puiseux était une femme d'un grand cœur et d'un noble caractère. S'il nous était permis de nous étendre à ce sujet, nous la montrerions accompagnant, au début d'une union heureuse, son mari dans ce qu'on appelait alors « les pays conquis, » et s'y trouvant bientôt seule au milieu de l'effarement de cette retraite précipitée des fonctionnaires français, que devait suivre de si près l'invasion de notre territoire par les troupes alliées (1).

L'énergie, le sang-froid de la jeune femme furent admirables : elle parvint à regagner Metz, avant que l'ennemi ne lui en eût complètement fermé la route. Sa tendresse, sa sollicitude pour son mari et ses enfants ne se démentirent jamais, et il est permis de penser que, pendant cette épreuve délicate traversée à son honneur par Victor Puiseux, il dût s'établir, entre la mère et le fils, une de ces correspondances toute d'épanchement d'un côté, de sages et doux encouragements de l'autre, dans lesquelles on apprendrait, si elles étaient con-

(1) M. Puiseux, receveur des contributions indirectes à Blankenheim, avait dû, par ordre supérieur, se replier précipitamment avec ses collègues sur la frontière. Il ne lui avait pas même été permis d'assurer le retour de sa jeune femme.

servées et mises sous les yeux du public, le secret de cette intimité, de ces vertus familiales, dont la tradition qui tend, assure-t-on, à s'effacer parmi nous, a été fidèlement conservée et transmise à ses enfants par M. Puiseux.

A la fin de cette année passée rue Saint-Jacques, qui fut pour Victor une des meilleures, des mieux employées de sa vie et dont le souvenir lui fut toujours cher, « l'étudiant de quinze ans était admis quatrième à l'École navale.... Très ferme et très doux, attentif à tout observer, patient à l'étude, infatigable au travail, Puiseux avait les qualités et les curiosités d'un marin ; il n'en avait pas les ambitions, et préféra à l'École de Brest les leçons de Sturm, au collège Rollin.

» Le maître était digne de l'élève; il devina, sans se tromper en rien, sur les bancs de la classe, un maître futur de la science (1). »

A la fin de cette nouvelle année de travail, Puiseux, arrivé au terme des cours de mathématiques spéciales, eut le désir de se présenter à l'École normale, dans la section des sciences.

Comme il était trop jeune de deux ans, son frère, M. Léon Puiseux, sollicita pour lui une dispense d'âge.

Victor Cousin, de qui l'obtention de cette faveur dépendait, la refusa très péremptoirement.

« — Nous n'en usons pas de la sorte, s'écria-t-il, la règle est notre palladium; elle s'impose à tous, et je suis son esclave.

» La servitude était volontaire. Le succès du jeune candidat qui, sur ces entrefaites, obtint le premier prix de physique au concours général, fit revenir l'éminent philosophe de sa décision.

» — Nous sommes raisonnables et justes, dit-il à M. Léon Puiseux ; liés par nous-mêmes, nous savons nous délier, il est bon qu'on le sache. Votre frère entrera cette année.

(1) M. J. Bertrand, secrétaire perpétuel de l'Académie des sciences. — *Éloge de M. Puiseux.*

» — Permettez-moi de vous rappeler, Monsieur le conseiller, — tel était le titre que Cousin portait à l'École normale, — que le concours est commencé; les compositions sont faites, classées, et....

» — Peu importe, nous ferons un examen *extra tempora ;* votre frère entrera avec les autres.

» Il en aurait coûté à l'un des concurrents une place déjà méritée; Puiseux refusa de la prendre. Il préféra attendre une année, et le premier rang, cette fois, ne lui fut pas disputé (1). »

II

Non seulement Victor Puiseux maintint toujours sa supériorité dans le milieu d'élite où son mérite l'avait fait entrer avant l'âge exigé; non seulement il sut s'y faire apprécier de tous ses condisciples, mais il y contracta un certain nombre de ces amitiés sérieuses et fortes qui ne connaissent d'autre terme que la fin même de la vie.

C'est de là, en effet, que data sa liaison avec M. Bersot, depuis membre de l'Académie des sciences morales et directeur de l'École, avec MM. Briot et Bouquet, dont le rapprochait une complète communauté de goûts et d'études.

A un point de vue tout différent, le séjour à l'École normale eut sur la vie de M. Puiseux une influence décisive.

Le retentissement qu'avaient, dans tous les grands centres d'études de la France, les conférences célèbres du P. Lacordaire, provoquait, plus que partout ailleurs peut-être, des discussions religieuses et philosophiques fort vives dans lesquelles Victor Puiseux apportait toute la conviction, toute l'ardeur de sa foi catholique.

(1) M. J. Bertrand.

Néanmoins et malgré l'ascendant naturel que son intelligence d'élite et l'aménité de son langage lui assuraient, sa modestie, qui toujours s'accommoda fort mal des premiers rôles, le porta à s'effacer et à se faire, dans ces luttes courtoises, le second de Pierre Olivaint, alors élève de la section des lettres (1).

Un attrait réciproque avait déjà attiré l'une vers l'autre ces deux natures, si bien faites pour se comprendre et s'admirer mutuellement ; la mission — nous dirions volontiers l'apostolat chrétien — qu'ils contractèrent, à laquelle ils se vouèrent avec une ardeur égale, acheva de les unir étroitement.

Tous deux méritaient l'éloge qu'un de ses biographes a donné au P. Olivaint : ils étaient nés pour commander par le dévouement, « l'un dans le cadre élargi de la vie sacerdotale et religieuse, l'autre dans le milieu plus restreint de la vie de famille et des relations sociales. »

Une touchante association se forma entre eux ; ne bornant pas leur zèle à ces luttes de polémique religieuse qui si rarement portent des fruits entre jeunes gens, ils résolurent de consacrer une partie de leurs jours de congé à des œuvres de charité. C'est ainsi qu'ils furent amenés à fonder ensemble une des principales Conférences de Saint-Vincent de Paul de Paris, laquelle, composée, encore aujourd'hui, en grande partie, de jeunes gens des écoles, garde précieusement le souvenir de ses fondateurs.

Ses trois années d'études achevées à l'École normale, Victor Puiseux, reçu avec le premier rang à l'agrégation, demanda et obtint de passer encore une année à Paris.

Il en profita pour se perfectionner dans les mathématiques en suivant les cours de maîtres illustres.

Chargé en même temps d'une conférence aux élèves de l'École normale, ses camarades de la veille et pour la plupart plus âgés que lui, il eut le talent non seulement de n'éveiller

(1) Pierre Olivaint, entré plus tard dans la Compagnie de Jésus, fut, on le sait, une des saintes victimes de la Commune.

parmi eux aucune susceptibilité, mais il sut commander leur attention et leur respect par l'étendue de ses connaissances et la maturité précoce de son enseignement.

A la suite de cette dernière année d'études personnelles, qui avait servi en même temps de prélude heureux à sa carrière universitaire, M. Puiseux fut nommé professeur au collège de Rennes.

Il apporta à ses nouvelles fonctions, tout en désaccord qu'elles fussent avec le vol puissant que son intelligence avait déjà pris dans les régions scientifiques, la même attention consciencieuse, le même dévouement, que son caractère loyal et droit devait lui inspirer pour tout ce qui se présentait à lui à titre de devoir.

On le vit mettre autant d'application et de zèle à préparer ses nouveaux élèves au baccalauréat, qu'il en mettait naguère dans ses conférences de l'École normale.

III

Il ne faudrait pas croire, d'après ce que nous venons de dire, que les études abstraites, les soins de la bienfaisance et ceux du professorat, absorbassent entièrement le temps de notre jeune savant.

Dès sa plus tendre jeunesse, il avait montré une aptitude particulière pour les langues étrangères; il s'était aussi occupé avec succès de l'étude de la botanique, et ses pérégrinations dans les environs de Paris, où ne manquent point les sites pittoresques, lui avaient donné le goût d'excursions plus sérieuses.

Dès l'âge de seize ans, il consacrait ses vacances à parcourir pédestrement et le havresac au dos, en compagnie de son frère et d'un de leurs amis de Pont-à-Mousson, les forêts et les montagnes des Vosges.

Il y faisait l'ascension du Ballon d'Alsace ainsi que de plusieurs sommets, alors bien rarement explorés, et partout l'aménité de ses manières, son empressement à se rendre agréable et, à l'occasion, utile, lui valaient les sympathies de ces populations patriarcales dont la simplicité le charmait.

Les moindres incidents de ce premier voyage d'exploration s'étaient profondément gravés dans le cœur et dans la mémoire de M. Puiseux : le Ballon d'Alsace, même après ses ascensions dans les Alpes, était resté son sommet de prédilection.

Il y revint à plusieurs reprises, et, en dernier lieu, quelque temps après la guerre de 1870-1871. Comme en 1836, il était avec son frère. Mais quelle différence entre ces excursions que séparait un intervalle de près de quarante années!

Sur cette cime qu'ils avaient admirée telle que la nature l'avait formée, la main de l'homme avait récemment marqué son empreinte. Et quelle empreinte? Des poteaux indiquant les nouvelles limites de la France et de l'Allemagne!... Il y a des brisements de cœur que non seulement la plume, mais que la parole même, avec ses intonations les plus émues, est impuissante à exprimer!....

Pendant les vacances qui suivirent la première année de professorat de M. Puiseux à Rennes, le célèbre naturaliste Auguste de Saint-Hilaire qui, l'année d'auparavant, l'avait remarqué parmi les auditeurs les plus assidus de son cours, et n'avait pas tardé à constater sa singulière aptitude à saisir tout ce qui touche aux sciences naturelles, lui offrit de l'accompagner en Norvège où l'envoyait en mission le gouvernement français.

Nous n'avons pas besoin de dire avec quel empressement Puiseux accepta une proposition qui allait au-devant de ses plus intimes désirs : un voyage lointain, dans des régions encore à peine observées et décrites, fait en compagnie d'un maître illustre! C'était plus qu'il n'aurait jamais osé rêver!

Il partit toujours doux et paisible en apparence, mais en réalité le cœur bondissant de joie et d'enthousiasme.

De son côté, Auguste de Saint-Hilaire, tout en sachant qu'il s'était procuré un compagnon capable et dévoué, fut étonné de trouver dans un homme encore si jeune un aide aussi utile et déjà aussi expérimenté.

Il en fut littéralement émerveillé, « et, le croyant engagé pour toujours, attendait tout pour la physiologie végétale de cet esprit lent à s'émouvoir, prompt à exceller. »

Dans ce jugement, Saint-Hilaire ne se faisait illusion qu'à demi; on peut en effet affirmer sans crainte, avec l'éminent panégyriste de Puiseux, dont nous avons plusieurs fois invoqué le témoignage, que, « s'il n'eût été géomètre, Puiseux serait devenu botaniste. »

Les fragments trop peu nombreux restés aux mains de la famille de la correspondance du jeune voyageur, prouvent combien était précoce ou plutôt naturelle en lui la juste appréciation des hommes et des choses.

« .... Puisque le récit de mon voyage vous intéresse, écrivait-il de Rennes à ses parents, le 27 février 1842, je vais le continuer, en le reprenant au point où j'en suis resté dans mon avant-dernière lettre. Je vous disais, je crois, qu'après avoir passé à Dunkerque une demi-journée, nous étions allés le soir nous installer dans le bateau à vapeur *l'Elbe*, qui devait nous conduire à Hambourg. Ce navire est fort élégant et assez commodément disposé. Vous concevez toutefois qu'on y laisse à chaque passager le moins de place possible, afin de pouvoir en admettre davantage; aussi les lits ont-ils à peine la longueur et la largeur du corps. Nous occupions, M. de Saint-Hilaire et moi, une petite chambre dans laquelle se trouvaient, l'un au-dessus de l'autre, deux de ces petits lits. J'appris pour la première fois ce que c'est qu'une nuit passée en mer.

» Le lendemain, à quatre heures du matin, je fus éveillé par le bruit qui se faisait sur le pont. Je me levai; je vis lever l'ancre; bientôt la machine à vapeur mit les roues en mouvement, et nous avançâmes entre les deux estacades du port. Peu à peu le rivage s'éloigna, les objets se cachèrent dans le léger brouillard qui couvrait la mer. Dunkerque disparut, et au bout de deux heures, nous avions devant nous les côtes de la Belgique.

» C'était la première fois que je quittais la France, j'étais triste et gai tout à la fois : triste en songeant que je m'éloignais de ceux que j'aime le plus au monde ; gai en me figurant d'avance les villes que j'allais traverser, les contrées que j'allais parcourir.

» Tant que la terre fut visible, la plupart des passagers restèrent comme étrangers les uns aux autres ; chacun fixait ses yeux sur le rivage et semblait ne s'en éloigner qu'à regret. Mais, lorsqu'après quelques heures la côte cessa de borner l'horizon, ces hommes réunis par le hasard sur un point de la vaste étendue qui s'offrait à leurs regards, commencèrent à se rapprocher mutuellement. La conversation s'engagea, et bientôt, malgré les différences de pays, de langage, d'opinions, on eût pris pour de vieilles connaissances tous ces voyageurs qui la veille ne s'étaient encore jamais vus.

» Parmi les passagers se trouvaient un militaire français auquel son domestique donnait le titre de commandant, un Alsacien, oncle d'un des élèves les plus distingués de l'École normale, et qui paraissait voyager pour le compte des sociétés bibliques protestantes, un officier russe avec sa femme, un Juif anglais allant aussi à Saint-Pétersbourg, etc....

» Le commandant racontait des anecdotes sur la haute société de Paris, ce dont les étrangers sont toujours fort avides ; l'Alsacien nous parlait des efforts immenses et pourtant si stériles que font les sociétés protestantes pour répandre dans l'Asie, l'Amérique et l'Océanie, le christianisme plus ou moins travesti des mille sectes qui se partagent l'Angleterre et l'Allemagne.... Le Juif anglais parlait et comprenait assez peu le français, mais en revanche il savait l'allemand, et j'essayai d'échanger avec lui quelques mots de cette langue que je ne connaissais encore que dans les livres.

Dunkerque.

» On retrouve à peu près partout les mêmes sentiments d'éloignement à l'égard des Juifs ; mais, tandis que les autres nations les leur témoignent sans détour, en France on est poli avec eux comme avec tout le monde.... Aussi dans les bateaux à vapeur, les diligences, etc., est-ce toujours avec les Français que les Juifs cherchent à lier conversation ; ils s'empressent de leur donner des renseignements, des explications, de leur faire toute espèce d'offres de service, jusqu'à la bourse exclusivement, bien entendu.

» Un autre Juif se trouvait aussi à bord de l'*Elbe*. C'était un jeune homme d'une vingtaine d'années. Bien que Hambourgeois, il parlait fort bien le français ; il avait des manières très distinguées et paraissait fort instruit. Je l'ai revu à Hambourg.

» Telles étaient les personnes avec lesquelles nous fîmes cette navigation de deux jours. Le temps qui n'était pas employé à la conversation, nous le consacrions, M. de Saint-Hilaire et moi, à arranger et dessécher quelques plantes que nous avions recueillies à Dunkerque sur le bord de la mer.

» J'avais bien emporté quelques livres, mais le malaise que l'on éprouve toujours la première fois que l'on s'embarque ne me permettait pas de faire une lecture bien soutenue, et, sans avoir le mal de mer, j'étais incapable de m'appliquer sérieusement.

» De temps en temps, nous apercevions à l'horizon les voiles d'un bâtiment ou la fumée d'un bateau à vapeur. La vue de ces navires faisait diversion à la monotonie du voyage, et, en nous avertissant que nous n'étions pas seuls à errer sur la mer, semblait diminuer notre isolement.

» Le temps était d'ailleurs assez beau, et le second jour, vers deux heures, nous aperçûmes la petite île d'Helgoland et les côtes du Hanovre. L'île est habitée par des pêcheurs ; les Anglais s'en sont emparés pendant les guerres de l'Empire, et ils y entretiennent une garnison de vingt-cinq hommes.

» Vers trois ou quatre heures, nous entrâmes dans l'Elbe, qui conserve pendant longtemps une largeur de deux à trois lieues; ses bords sont excessivement plats et couverts de prairies; de temps en temps, de jolis villages s'offrent à la vue.

» Nous fûmes témoins d'un spectacle assez singulier : une troupe innombrable de goélands suivit le bateau jusqu'à la nuit. On les voyait à chaque instant se précipiter à la surface de l'eau, puis s'envoler, tenant un poisson dans le bec. Il paraît que le passage du bateau détermine un courant qui amène le poisson à la surface de l'eau, et c'est là ce qui attire ces oiseaux.

» Nous passâmes, au clair de lune, devant Glückstadt, devant les jolies maisons de campagne de Blankenèse, enfin devant Altona, et, à dix heures du soir, nous nous arrêtions dans le port de Hambourg.... »

Ici s'arrête la relation de son voyage faite par M. Puiseux à ses parents. Elle a été certainement continuée, mais ce qui suivait, prêté sans doute à quelqu'ami négligent, a été égaré.

Plus tard, après une description de Christiania, qui a été également perdue, le jeune voyageur écrit à son frère (1) :

« Puisque j'ai un peu de loisir ce soir, je vais continuer le récit que j'avais commencé à te faire de mon séjour en Norvège. Je t'ai parlé assez longuement de Christiania, et pourtant j'aurais encore bien des choses à t'en dire, mais il faut abréger. Ainsi donc mettons-nous en route pour Drontheim ou plutôt pour Trondhjem. Ce n'est pas toutefois aussi facile que tu le pourrais croire, car les diligences sont choses inconnues dans le pays. Il n'y a pas même de relais de poste proprement dits. Seulement, par intervalles de trois ou quatre lieues, un aubergiste décoré du titre de maître de poste est chargé d'envoyer chercher les chevaux des paysans sur la réquisition des voyageurs. Mais ces chevaux se trouvent

(1) Sous la date du 11 mars 1842.

souvent eux-mêmes à deux ou trois lieues de distance; de sorte que si on allait les demander de relais en relais, il

Côtes de Norvège.

faudrait attendre à chaque fois deux ou trois heures et même davantage.

» Voici la précaution qu'il faut prendre : on écrit d'avance autant de bulletins qu'il y a de relais sur la route à parcourir. Chaque bulletin porte que l'on demande tant de chevaux, dans tel endroit, à telle heure; on remet tout cela au courrier de la poste aux lettres, qui remet chaque bulletin à sa destination, et trois heures après son départ, on peut se mettre en route. Ne sachant pas la langue du pays, nous eussions été fort embarrassés, sans l'assistance du professeur de chimie de Christiania, qui voulut bien se charger de tous ces soins.

» Toutefois, malheur au voyageur qu'un accident a retardé dans sa route; il lui faut payer à chaque relais où il arrive trop tard un supplément de frais, et si le retard dépasse trois heures, les chevaux ne l'attendent plus. Il faut alors qu'il en fasse venir d'autres, et il est souvent obligé de voyager fort avant dans la nuit s'il veut rattraper le temps perdu et ne pas payer taxe double à tous les relais du lendemain.

» Mais ce n'est pas tout que d'avoir des chevaux, il faut encore une voiture. Si tu veux te faire une idée de celles que fournit la poste, figure-toi un fond de quatre pieds de long sur trois de large, bordé de quatre planches d'un pied de haut; place tout cela sur un essieu muni de roues et, dans cette caisse, arrange ton corps comme bon te semblera; puis résigne-toi à y passer six jours, et tu pourras arriver à Trondhjem, à moins que les cahots, la fatigue, les écorchures, les contusions ne t'aient mis hors d'état de continuer la route.

» M. de Saint-Hilaire, ne jugeant pas à propos de tenter l'aventure, loua une voiture simple et commode, et un domestique, que nous emmenâmes avec nous, fut chargé de la conduire. C'était un habitant de Christiania qui, pendant l'été, avait accompagné le célèbre géographe allemand Ritter. L'année précédente, il avait suivi un ecclésiastique anglican qui était allé s'établir pendant deux ou trois mois au milieu

Paysage scandinave.

des montagnes, pour le plaisir de chasser le renne et de pêcher des truites.

» Ce domestique était d'ailleurs un très brave homme, conduisant parfaitement ses chevaux, mais parlant un jargon peu intelligible composé d'allemand et de danois, confondant les genres, les temps et bouleversant toutes les règles de la grammaire.... Juge combien il devait m'être facile de m'entendre avec lui, moi qui avais eu tant de peine à comprendre l'allemand à Hambourg, où on le parle très purement.

» Tout cela ne l'empêchait pas d'être la pierre angulaire de notre voyage. Tour à tour cocher, domestique, interprète, c'était lui qui transmettait nos questions aux habitants, nous procurait tout ce dont nous avions besoin, ménageait nos intérêts, et enfin nous conduisait avec une habileté remarquable.

» Les routes de Norvège sont en assez bon état. Chaque paysan est chargé d'en entretenir une certaine longueur, et c'est là le seul impôt auquel il soit soumis. Mais on n'a point cherché à éviter les montées et les descentes qui sont souvent d'une effrayante rapidité. Aussi, les premiers jours, je m'attendais à chaque instant à voir voler en pièces notre voiture, et cela arriverait, je crois, avec des conducteurs et des chevaux moins habitués au pays. Ces derniers, bien que petits, savent retenir sur les pentes les plus rapides le poids de la voiture et descendent lentement jusqu'à ce qu'on approche du point le plus bas. Alors on les lance au galop, et leur élan est tel, qu'ils remontent souvent en courant jusqu'au sommet de la montée opposée.

» Quand les montées sont longues, on est souvent obligé de s'arrêter. A cet effet, la voiture traîne derrière elle un pieu garni d'une pointe de fer qui s'enfonce dans le sol dès que l'on recule.

» Nous ne voyagions que de jour. Les maisons de poste nous servaient d'auberge, soit pour la nuit, soit pour les repas pendant le jour.

» Ces repas, ayant été indiqués sur les bulletins dont je t'ai parlé, se trouvaient ordinairement préparés d'avance. Le pain d'avoine, la truite ou le saumon cuits à l'eau, les pommes de terre, le beurre, le fromage composaient notre menu ordinaire. Plus rarement on nous offrait de la viande de bœuf, de mouton, de renne, parfois même du coq de bruyères, à quoi j'ajouterai un pudding particulier au pays et une soupe au vin et aux pruneaux qui est délicieuse.... »

Encore une lacune dans la correspondance : un feuillet de lettre égaré, qui nous empêche de suivre plus loin nos deux voyageurs; nous savons seulement que la saison trop avancée ne leur permit pas de pousser leurs explorations botaniques au delà de Drontheim.

IV

Cette visite aux climats du nord fit une vive et durable impression sur l'esprit de Victor Puiseux. Elle contribua dans une large mesure à développer en lui le goût, nous oserions presque dire la passion, des excursions sur les cimes âpres et neigeuses qui lui rappelaient la sévère majesté des terres scandinaves.

Quoi qu'il en soit, tant que ses forces le lui permirent, il resta fidèle au goût de sa jeunesse pour les voyages.

Rarement il laissait passer un jour de congé sans faire quelque longue course à la campagne, et dès que venaient les vacances, il s'échappait avec bonheur vers l'Italie, la Suisse, les Vosges ou les Pyrénées.

Mais c'étaient surtout les Alpes qui avaient ses préférences ; il les visita à vingt reprises différentes.

Là, comme dans le champ des mathématiques, il aimait, il cherchait l'inconnu, l'inaccessible. Les régions les plus

Vue des Alpes.

désolées, les plus inhospitalières, au lieu de l'effrayer, l'attiraient.

C'est ainsi qu'en 1848, il franchissait, un des premiers, la barrière de glaciers qui séparent les vallées de Zermatt et d'Hérens.

La même année, il tentait, avec quatre guides et le docteur Ordinaire de Besançon, l'ascension du mont Rose. Arrivé à cent mètres du sommet, il persistait seul, contre l'avis unanime des guides, à déclarer possible une escalade que de hardis grimpeurs anglais ont menée à bien vingt-cinq ans plus tard (1).

Son courage, le désir de s'instruire, son empressement à prévenir les dangers que pouvaient courir ceux qui l'accompagnaient, l'entraînaient quelquefois hors des bornes de la prudence.

C'est ainsi qu'ayant accompagné en Dauphiné un botaniste éminent, M. Grenier, il entreprit, avec un montagnard du pays, l'ascension du mont Pelvoux presque inconnu alors, même des géographes. Laissant à mi-chemin son guide épuisé de fatigue, il atteignit seul le sommet.

Sa témérité fut moins heureuse dans une autre circonstance, où l'oubli de soi-même, qui était le fond de sa nature, se peint tout entier. Il franchissait le clos des Cavales, dans l'Oisans, avec M. Grenier et quelques jeunes gens de Grenoble. Un de ceux-ci, sans expérience des montagnes, avait négligé de se munir de l'indispensable bâton ferré, sans lequel il est dangereux, même pour les hommes les plus agiles et les plus solides, de s'aventurer dans la région des glaciers. Effrayé du risque que courait son jeune compagnon, Victor Puiseux n'hésita pas à lui donner le sien et à s'avancer sans appui sur une pente de neige escarpée. Peu s'en fallut

(1) La pointe la plus élevée du mont Rose a été gravie dès 1855. Mais ce n'est que longtemps après qu'elle a pu être atteinte du côté du nord, celui où la première tentative avait été faite par MM. Puiseux et Ordinaire.

que cette obligeance ne lui devînt fatale : brusquement entraîné, il disparut aux yeux de ses camarades qui le crurent un moment perdu.

Avec l'âge, Puiseux apprit à mettre plus de prudence dans l'exploration des montagnes, mais l'attrait passionné que ces explorations avaient pour lui ne s'affaiblit jamais. Comme Saussure, il se sentait invinciblement attiré vers les hautes cimes, vers celles surtout dont l'accès était réputé impraticable ou tout au moins difficile et dangereux.

Ce goût, il le communiqua à ses fils; chaque année, pendant les vacances, il aimait à guider leurs pas dans les glaciers, et il était heureux de leur voir prendre plaisir à ces excursions si bien faites pour développer l'énergie morale et physique. Encore ne borna-t-il pas à sa propre famille sa propagande à l'endroit de la saine influence qu'exercent sur l'âme humaine l'étude et l'admiration des merveilles de la nature ; il fut un des fondateurs du Club Alpin français, et il eût prêté à cette utile institution un actif et précieux concours, si sa santé, déjà chancelante à cette époque, le lui eût permis.

Dans les dernières années de sa vie, il dut s'interdire les longues marches, les ascensions pénibles et se borner à contempler les montagnes des bords des lacs suisses ou italiens, dont le doux climat allégeait ses souffrances. Les cimes sereines d'où il avait admiré tant de magnifiques paysages, lui rappelaient les années heureuses où il les gravissait, et lui parlaient de la gloire divine avec non moins d'éloquence et de force que cette voûte des cieux dont il avait pénétré les lois et approfondi les mystères.

Et ainsi, les distractions que se procurait l'homme privé venaient en quelque sorte compléter les travaux du savant, ne laissant rien de décousu, rien d'inutile dans cette vie si bien remplie.

V

Comme ordre chronologique, nous avons singulièrement dépassé le moment où la première excursion pédestre de M. Puiseux dans les Vosges et ensuite son voyage en Norvège nous ont entraîné à esquisser d'un seul trait sa vie d'excursionniste.

Nous avons à revenir au moment où Victor Puiseux, après un stage de trois ans au collège de Rennes, est nommé professeur à la faculté nouvellement créée de Besançon (1845), où il a l'heureuse fortune de se rencontrer avec de jeunes maîtres destinés comme lui, mais dans d'autres branches de la science, à se faire un nom illustre ; nous voulons parler du géologue Lory et du chimiste Sainte-Claire-Deville.

Son séjour à Besançon devait laisser dans le souvenir de Victor Puiseux des traces profondes, et exercer une influence décisive sur sa carrière ; ce fut, en effet, l'époque de sa plus grande activité scientifique. Non content d'amasser en silence les matériaux de son enseignement futur à la Sorbonne, il enrichissait le journal de mathématiques de notes aussi remarquables par la profondeur des aperçus que par l'élégance des démonstrations.

Appelé en 1849 comme maître des conférences à l'École normale, il y initia plusieurs générations de jeunes professeurs aux plus saines traditions de l'enseignement scientifique. « On admirait surtout la clarté, la rigueur, et, si l'on peut ainsi parler, la conscience rigide de sa parole. Jamais, dans le feu de l'improvisation, il ne se laissait aller à indiquer des conséquences obscures ou problématiques de ses théorèmes; nulle démonstration n'était mise sous les yeux de ses élèves avant qu'il n'eût fait les derniers efforts pour la rendre parfaitement lucide et correcte. »

Il est à regretter — et ce n'est pas notre opinion personnelle que nous exprimons ici, mais celle des hommes les plus compétents, — il est à regretter qu'un excès de modestie ait empêché le savant et consciencieux professeur de réunir et de publier les notes de ses cours.

Cet enseignement de l'École normale où des esprits studieux et distingués répondaient au sien, fut toujours l'objet de ses préférences. Il le quitta avec un vif regret et seulement en 1868, lorsque, appelé au bureau des Longitudes et chargé de la publication de la *Connaissance des temps*, il lui fut impossible de concilier des fonctions aussi également absorbantes.

Il était préparé à cette tâche nouvelle et ardue par les travaux dont il avait été chargé à l'Observatoire de Paris de 1855 à 1859. Placé par Le Verrier qui, dès son entrée comme directeur à l'Observatoire, s'était empressé de s'assurer le concours d'un collaborateur aussi précieux, à la tête du bureau des Calculs, il avait pris une part active à la publication des *Annales*. Là encore, ceux qui ont travaillé sous sa direction se rappellent la bienveillance de son caractère, ainsi que l'étendue, la sûreté de son savoir.

Dans ses rapports avec ses subordonnés, il avait une manière qui lui était propre de stimuler leur zèle et de mettre leurs services en lumière qui les charmait. Le don ou plutôt la volonté de gagner ainsi les cœurs est rare, et cependant là est le secret de faire produire à une réunion d'hommes, dans tous les rangs de la société et dans tous les genres d'occupations, la somme possible d'efforts et de travaux qu'on en doit attendre.

La douceur de M. Puiseux était inaltérable, et sa patience à toute épreuve. Lui remettait-on un travail inexact, il s'imposait la tâche de le refaire lui-même en entier. Un de ses jeunes collaborateurs témoignait de dispositions heureuses; il l'aida à perfectionner son instruction mathématique et lui prodigua des encouragements qui devaient porter leurs fruits ; l'Observatoire de Paris le compte aujourd'hui parmi ses meilleurs astronomes.

En 1859, Victor Puiseux quitta l'Observatoire pour se consacrer à l'enseignement et à des travaux personnels. Il avait suppléé pendant quelque temps Sturm et Le Verrier à la Sorbonne, Binet au collège de France. En 1857, il avait été nommé professeur titulaire de mécanique céleste à la Faculté des sciences, en remplacement de Cauchy, dont il avait été l'élève, l'admirateur et l'ami. Jusqu'en 1882, il remplit cette chaire sans interruption, parcourant par étapes successives le champ presque entier de la science.

Plusieurs travaux importants relatifs à l'accélération du mouvement de la lune, aux passages de Vénus sur le soleil, ouvrirent à Victor Puiseux les portes de l'Institut. Son élection, retardée par la guerre, n'eut lieu qu'en 1871. Tous ses concurrents se retirèrent spontanément devant lui, et il fut élu au premier tour et à l'unanimité des voix, fait sans exemple peut-être dans les annales académiques.

Jamais homme ne poussa plus loin que Puiseux l'indifférence pour les distinctions et les honneurs. Il estimait que c'était au pouvoir de rechercher et de placer en lumière le vrai mérite, et non point à celui-ci de se mettre en évidence ; aussi se refusa-t-il toujours à rien demander. Ce qui ne l'empêcha point d'être successivement nommé chevalier et officier de la Légion d'honneur, membre du comité consultatif de l'enseignement supérieur, du Conseil de l'Observatoire, ainsi que de nombreuses commissions académiques. Partout son avis était recherché et sa parole faisait autorité.

Uniquement préoccupé de servir la science, d'encourager les travailleurs obscurs, il ne se servit jamais pour lui-même de l'influence que lui donnait sa haute position officielle. Son désintéressement — ou, pour parler plus exactement, sa délicatesse de conscience — lui valut plus d'une critique : on le trouvait exagéré ; pour lui c'était le strict accomplissement d'un devoir, et sur ce chapitre il se montrait inébranlable, — intraitable, disaient ses amis.

C'est ainsi qu'obligé, l'année qui précéda sa mort, de se faire suppléer à la Sorbonne, il s'effraya à la pensée « de garder le titre, alors qu'il ne pouvait plus remplir les fonctions » et demanda sa mise à la retraite. Il ne fallut rien moins que le vœu unanime et officiellement exprimé de ses collègues qui tenaient à honneur de le conserver parmi eux, pour l'amener à revenir sur sa décision. Encore peut-être leurs instances fussent-elles restées sans résultats, si M. Léon Puiseux, qui savait quelles étaient les cordes sensibles à faire vibrer dans cette âme d'élite, n'eût fait observer à son frère que garder sa chaire en y appelant un suppléant était un moyen de ménager à un jeune professeur, en même temps que des émoluments qui lui aideraient à préparer son avenir, l'occasion d'obtenir, dans un temps donné, des fonctions auxquelles il n'aurait pu prétendre sans cette occasion heureuse de se faire connaître.

Le frère et les amis de Victor Puiseux avaient été moins heureux quand il s'était agi de quitter le bureau des Longitudes. Là, il n'y avait pas de *suppléance*, c'est-à-dire de service à rendre et d'émoluments (1) à faire passer en d'autres mains ; il envoya sa démission au Ministre sans prévenir personne, ou du moins en ne prévenant sa famille que lorsqu'il était trop tard pour réagir contre sa volonté. La lettre suivante, écrite à M. Léon Puiseux, le 8 novembre 1872, en donne la preuve :

« Mon cher ami, j'aime mieux que tu apprennes par moi que par un autre la détermination que je viens de prendre et que je t'avais fait pressentir : je viens d'adresser au Ministre ma démission de membre du bureau des Longitudes. Afin que tu puisses au besoin répondre pertinemment à ceux qui

(1) La situation de membre du bureau des longitudes est honorifique ; néanmoins une somme annuelle de 2.500 francs est attribuée à titre d'indemnité aux savants qui consacrent tant de soins et de temps à cet important service. C'est cette indemnité, que la position de fortune de M. Puiseux lui rendait cependant fort utile, qui gênait sa délicatesse.

Passage de Vénus sur le soleil.

te demanderaient quels ont été mes motifs, je joins ici une copie de ma lettre au Ministre. »

Cette lettre, la voici :

« Lorsqu'en 1868, le bureau des Longitudes, dont je n'avais pas sollicité les suffrages, me présenta comme candidat à la place alors vacante dans son sein, c'était avec la pensée que je pourrais prendre une part active aux calculs de la *Connaissance du temps*.

» Je n'ai pas cessé depuis ma nomination de consacrer à ce travail mon temps et mes forces ; mais aujourd'hui ma santé ébranlée, ma vue affaiblie m'obligent à y renoncer. Dans cette situation, je regarde, Monsieur le Ministre, comme un devoir de conscience de vous offrir ma démission de membre du bureau des Longitudes, afin que ce corps savant puisse appeler dans son sein un autre astronome et lui confier la tâche que je suis maintenant hors d'état de remplir.... »

Mais, tout en se désistant successivement des fonctions dont il craignait de ne pouvoir s'acquitter avec une assiduité suffisante, Victor Puiseux ne renonçait pas aux travaux scientifiques.

Déjà en proie aux atteintes de l'implacable maladie qui devait l'emporter, il mettait à profit les moindres instants de relâche que lui laissait la souffrance. C'est ainsi que, pendant cette période douloureuse de sa vie, il dirigea et surveilla la réimpression des œuvres de Laplace ; il exécuta des calculs immenses au sujet des passages de Vénus en 1874 et 1882 ; ses indications décidèrent du choix de l'emplacement des stations françaises, et, selon son désir, un de ses fils fut attaché à une de ces stations.

Une partie considérable des études relatives au passage de 1882, est encore en manuscrit ; c'est à cet important travail que la mort vint l'enlever, le 9 septembre 1883.

Il s'éteignit à Fontenay (Jura), où il était en villégiature dans une famille amie.

Fidèle aux convictions de toute sa vie, il laissait aux siens la consolation d'une mort chrétienne et l'exemple de longues souffrances supportées avec résignation et sérénité.

Le 6 novembre de l'année précédente, il traçait de sa propre main les principaux incidents de sa vie de famille, qu'il faisait précéder d'une touchante profession de foi :

« Dans cette semaine, dit-il, où l'Église nous invite à nous souvenir de ceux qui ont quitté ce monde avant nous, je dois prévoir l'époque peut-être bien prochaine à laquelle je serai appelé moi-même à paraître devant Dieu. Je ne veux donc pas tarder davantage à mettre par écrit quelques recommandations que je désire adresser à mes fils et quelques notes sur des choses dont il est à propos qu'ils soient instruits. »

Ces recommandations portent sur des œuvres de bienfaisance à continuer : pensions charitables, que nul ne soupçonnait, à payer jusqu'à ce que les orphelins qui en profitaient eussent atteint un âge déterminé, et autres bonnes œuvres non moins discrètes et bien comprises.

Viennent ensuite des directions personnelles à ses fils touchant les affections et les devoirs de famille qui leur restent à remplir, des indications diverses ; mais, au milieu de tout cela, rien ayant trait aux ambitions ou aux intérêts matériels ; l'âme de celui qui écrit s'est déjà élevée par la foi et l'espérance au-dessus de la terre, et tout ce qui ne se rapporte pas à l'amour paternel, aux souvenirs et aux traditions de famille, à la vie du cœur en un mot, semble lui être devenu étranger.

M. Puiseux, qui, par modestie, renouvelle dans cette autobiographie le désir souvent exprimé par lui qu'aucun honneur militaire ne soit rendu, qu'aucun discours ne soit prononcé sur sa tombe, ne se rendait probablement pas compte que, dans ces quelques pages si intimes et si simples, il traçait lui-même son panégyrique !

Il nous reste à aborder la partie, sinon la plus importante, du moins la plus touchante et la plus instructive du tableau dont nous venons d'esquisser les traits principaux : la vie de famille, la vie privée de M. Puiseux.

Éclipse de soleil.

Que sait-il celui qui n'a pas souffert ? dit la sainte Écriture.

Cette parole, aussi profonde que vraie, peut seule peut-être expliquer la puissance d'affection et de dévouement qui, poussée chez M. Puiseux à un degré qui serait difficilement surpassé, s'alliait en lui à une force de volonté et à une résignation vraiment héroïques. Toujours maître de lui, il savait, au milieu des plus cruelles angoisses, s'intéresser aux peines des autres et réclamer sa part de tout ce qui pouvait intéresser la France. Jamais, ni son culte passionné pour la science, ni sa tendresse vigilante et pour ainsi dire maternelle pour ses enfants, n'affaiblirent en lui l'amour du pays et ne le firent hésiter à remplir le devoir patriotique.

C'est ainsi que, de même qu'on l'avait vu en juin 1848, accourir de Besançon à Paris et faire cent lieues avec son fusil de garde national pour combattre l'anarchie, de même, en 1870, on le voit, à la nouvelle du siège de Paris, laisser ses cinq enfants à Guerbary, sur la frontière d'Espagne, à la garde de Mme Jannet, leur grand'mère, pour venir prendre sa part, lui cinquantenaire, des dangers, des fatigues et des effroyables misères de ce long siège !

Sa bienveillance et sa bonté dans les rapports sociaux n'étaient pas moins remarquables. Nous l'avons vu quitter le lit d'agonie d'une fille bien-aimée pour témoigner *lui-même* sa gratitude à une personne étrangère qui, sans prétendre à être reçue par ce père désolé, était venue prendre des nouvelles de la jeune et charmante malade. Nous le voyons encore, tel qu'il se montra à nous ce jour-là, le sourire aux lèvres, l'œil doux et bienveillant — mais quel sourire! quel regard! ceux du martyr attendant la mort.

Ce n'est pas seulement celui qui souffre — et qui sait souffrir — qui apprend le grand secret de la vie ; c'est aussi celui qui « voit souffrir, » comme M. Puiseux savait le faire. Ce sont là de ces exemples qu'on n'oublie pas, et dans le souvenir desquels on puise, à l'occasion, une force dont on ne se serait pas cru capable.

M. Puiseux avait épousé, en 1849, Mlle Jannet, dont le père était alors proviseur au lycée de Versailles. Six enfants naquirent en peu d'années de ce mariage heureux ; quatre d'entre eux, deux filles charmantes et admirablement douées ; deux fils, dont l'un, bien qu'à peine au début de la vie, promettait de fournir à la science un émule de son père, furent moissonnés par la mort aux approches de leur vingtième année. Leur mère les avait précédés dans la tombe. Ce fut ainsi que, par étapes successives, M. Puiseux eut à gravir la voie douloureuse de son calvaire. Il y parvint, l'âme toujours sereine mais le corps épuisé, et alla, avant l'âge auquel son robuste tempérament et sa vie sobre et active semblaient le destiner, rejoindre ceux qu'il avait si profondément aimés.

Il eût accueilli avec joie la mort, qui allait renouer pour lui tant de liens momentanément brisés, s'il n'avait eu à se séparer des deux fils qui avaient fait la joie et la consolation des dernières années de sa vie, et qui, « tous deux, connus du monde savant, l'un par une thèse importante sur le mouvement de la lune et son expédition de la Martinique pour le dernier passage de Vénus ; l'autre pour la part qu'il a prise en Égypte à l'observation de l'éclipse totale du soleil de 1882 (1), » ne se borneront pas — il le savait — à porter avec honneur et distinction le nom du savant, mais qui perpétueront en outre les vertus de l'homme privé.

(1) M. Tisserand, membre de l'Institut, *Notice sur Victor-Alexandre Puiseux.*

FIN

TABLE DES MATIÈRES

TABLE DES VIGNETTES

CONTENUES DANS CE VOLUME

— Lille. Typ J. Lefort. 1887. —

www.ingramcontent.com/pod-product-compliance
Ingram Content Group UK Ltd.
Pitfield, Milton Keynes, MK11 3LW, UK
UKHW021307190726
13839UKWH00007B/218